元アットコスメ社員が
ぜんぶためしてわかった！

神コスメ図鑑

ありちゃん

宝島社

P006 **CHAPTER 1**

ぜんぶためしてわかった!
ありちゃんのベストコスメ

**化粧下地／ファンデーション／ハイライト・シェーディング／アイシャドウ／マスカラ／
リップ／アイライナー／チーク／アイブロウ／フェイスパウダー／コンシーラー**

P031 **COLUMN** ありちゃんのコスメの愛で方

P032 **CHAPTER 2**

失敗しにくくなる!
コスメの買い方大全

P034 　ありちゃん的! コスメカテゴリワード辞典
P036 　カテゴリ別　自分に合ったコスメの選び方
P055 学校では教えてくれない! ありちゃん的!コスメ基礎知識
P062 　コスメブランド分布
P064 　コスメブランド図鑑

P072 **CHAPTER 3**

コスメの力を最大限引き出す♡
シーン別メイク

P074 　毎日メイク　　　　P078 　デートメイク
P082 　オフィスメイク　　P086 　高見えメイク

P090 **CHAPTER 4**

ジャンル別王道コスメ図鑑

**化粧下地／ファンデーション・コンシーラー／
フェイスパウダー／アイシャドウ／マスカラ／リップ／
アイライナー・アイブロウ／チーク・ハイライト・シェーディング**

P148　**CHAPTER 5**

使ってよかった スキンケア&ボディケア

P150	ありちゃんの美容ルーティーン
P152	ありちゃんのスペシャルケア
P154	使ってよかった溺愛スキンケア　化粧水
P156	使ってよかった溺愛スキンケア　美容液・アイクリーム
P158	使ってよかった溺愛スキンケア　乳液・クリーム
P160	使ってよかった溺愛スキンケア　パック
P162	ありちゃんがやってよかった　おすすめ美容メンテナンス

P164　COLUMN　ありちゃんのコスメ収納大公開!

P166　**CHAPTER 6**

毎月の支出の半分をコスメに充てる女 Who is ありちゃん?

P176　**CHAPTER 7**

美容系YouTuber 3人が集結♡ 「ぶっちゃけトーク」対談

P182　**CHAPTER 8**

毎月の支出の半分をコスメに充てる女ありちゃんに聞いた 100の質問

P188　SHOP LIST

CHAPTER 1

ぜんぶためしてわかった!
ありちゃんの
ベストコスメ

毎月の支出の半分をコスメに充てる女、
ありちゃんが今までに出会ったコスメの中から
優秀だと思うアイテムのみを厳選!
自信を持っておすすめできるコスメたちを
ジャンル・特徴別にベスト3を紹介していくよ。

化粧下地 編

「カバー力が高い」部門

ファンデだけで隠そうとせず、
色ムラや肌悩みが気になるなら化粧下地から！

1位 TIRTIR
MASK FIT TONE UP ESSENCE BEIGE

人気のクッションファンデのマスクフィットシリーズのベースライン。素肌のようなナチュラル感で、厚塗り感なし。スキンケアと紫外線ケアが1つでカバーできる超簡単なオールインワンベース。SPF30 PA++ 30mL ¥2,970

「崩れにくい」部門

崩れにくさを求めるなら、
皮脂・テカリを防止する化粧下地を選ぶと◎。

1位 マキアージュ
ドラマティックスキンセンサーベース NEO ヌーディーベージュ

テカリとカサつきをダブルで防いでくれる。湿度に応じて水分の通しやすさを調整できるので、どんな時も快適な肌状態に。また、オイル生まれのポアレスジェリーがとろけるように凹凸をうめながら毛穴をぼかしてカバー。SPF50+ PA++++ 25mL ¥2,970

2位

1位（とにかく化粧下地とは思えないほど肌が綺麗に見える。なめらかな塗り心地が最高！）

3位（肌が綺麗に見えるだけでなく、メラニンの生成を抑えシミ・そばかすを防ぐ美白有効成分配合で美白ケアもできちゃう。）

2位（崩れにくい下地なのに、なめらかさのあるテクスチャーなのがお気に入り！）

1位（しっかり皮脂を吸着してくれつつも乾燥しない！相性がいいファンデも多い）

3位（皮脂テカリ防止下地の王道！使用感サラリ度は高めてそのぶん崩れにくさは超優秀）

2位 コスメデコルテ
サンシェルター マルチ プロテクション トーンアップCC 10 ラベンダーローズ

スキンケアのような使い心地で、透明感を守り抜くエッセンスクリームベース。美しい素肌感を引き出してくれて、ナチュラルにトーンアップが叶う！なりたい仕上がりで選べる3色展開。SPF50+ PA++++ 35g ¥3,300

3位 クレ・ド・ポー ボーテ
ヴォワールルミヌ

紫外線や乾燥などのダメージから肌を守り、抜けるように明るく澄んだ肌へと仕上げる美白化粧下地。メイクアップとスキンケアが融合した独自技術で仕上がりを高めてくれる。医薬部外品 SPF38 PA+++ 30mL ¥7,150

2位 KiSS
マットシフォン UV ホワイトニングベース N 01 LIGHT ワントーン明るいカラー

毛穴や凹凸をカバーして、均一でなめらかな肌に。美白有効成分プラセンタエキスも配合。過剰な皮脂を吸収し崩れを防ぐ。SPF26 PA++ 37g ¥1,760（編集部調べ） ※ブランドリニューアルにより順次、容器とパッケージデザインは変更予定

3位 プリマヴィスタ
スキンプロテクトベース＜皮脂くずれ防止＞ SPF50 ベージュ

強力な紫外線から素肌を守る、崩れにくいトーンアップ下地。皮脂だけでなく、汗による崩れを防ぐ。汗・水に強いウォータープルーフ。白浮きしにくく肌になじむトーンアップカラー。SPF50 PA+++ 25ml ¥3,080（編集部調べ）

メイクアイテムの中で一番初めに塗ることの多い、化粧下地。
よりメイクの仕上がりを高めるために重要な存在！

「ツヤ」部門

内から発光しているような艶を出すなら、
化粧下地で仕込むのが得策。

1位 ジルスチュアート
イルミネイティング セラムプライマー 02 aurora lavender

パールの輝きとうるおいで肌を整える美容液下地。ミルクのようになめらかに伸びる。パール剤やダイヤモンドパウダーが配合されていて、肌にうっすらとベールをかけたような凹凸のない美しい仕上がりに。SPF20 PA++ 30mL ¥3,520

ゴールドカラーのツヤで新感覚♪ 塗り伸ばすとカラーはなじんでツヤは大爆発！

パール配合で、輝くようなツヤが完成。クリームだから保湿効果もある！

トーンアップを叶えながら、パール配合されているので、つやっつやになる！

2位 M・A・C
ストロボクリーム ピンクライト

輝きと明るい透明感を与える、保湿クリーム兼ファンデーションプライマー。肌の内側から発光するような仕上がりに。ピンク、ピーチ、シルバー、ゴールドの4色展開で、ピンクは肌の透明感と明るさを出す万能カラー。50mL ¥5,720

3位 クリニーク
イーブン ベター ライト リフレクト プライマー

ハイライターとしてもメーク下地としても使える、マルチ機能のメークアップライマー。みずみずしいテクスチャーで、瞬時に、繊細なキラめきと上品なツヤが叶う。さらに3種類のヒアルロン酸（保湿成分）配合。30mL ¥4,950

「保湿力」部門

1日中うるおいのある肌でいるためには、
しっかり保湿力の高い化粧下地を選んで。

1位 クレ・ド・ポー ボーテ
ヴォワールコレクチュールn

美しい素肌のようにきめ細かくワントーン明るい肌に仕上げる化粧下地。メイクアップとスキンケアが融合した独自技術、ライトエンパワリングエンハンサーが輝く仕上がりを高めてくれる。SPF25 PA++ 40g ¥7,150

保湿に特化したブランドでプチプラだけど優秀！ 肌がひっつくような保湿力がすごい

美容液成分配合で使うと肌しっとり感。香りもよくて癒やされながらメイクができる

圧倒的な信頼感。保湿力が高いのはもちろん、カバー力もあって肌が綺麗に見える！

2位 ディオール
ディオールスキン フォーエヴァー グロウ ヴェール

保湿成分をたっぷりと配合した美容液ベースのテクスチャーで、うるおいが長時間続き、キメを整えてくれる化粧下地。色ムラ・凹凸やくすみの補正も。ふっくらとハリのある、明るく艶やかな肌に。SPF20 PA++ 30mL ¥7,150

3位 乾燥さん
保湿力スキンケア下地 カバータイプ

1本6役（化粧水・美容液・乳液・クリーム・UVカット・化粧下地）でオールインワン効果。毛穴・色ムラ・くすみも自然にカバー。保湿成分（ナイアシンアミド・ワセリン・セラミドなど）配合。SPF37・PA+++ 30g ¥1,430

009

ファンデーション編

「カバー力が高い」部門

少量でしっかり肌トラブルをカバー！
肌悩みがあるならカバー力重視で！

1位 SPICARE
V3 シャイニング ファンデーション シーズン2

サロン専売品のファンデーション。スキンケアのようなアイテムで、ドクダミエキス37.06%含有。肌を整える効果の高い成分を水の代わりに使っている。環境ストレスからも守ってくれる。SPF37 PA++ 15g ¥9,350

> 1発であらゆるアラもカバーできる。密着力が高いのが特徴。カバー力と密着力の両立すごい（3位）

> クッションタイプなので塗りやすい。重ね塗りしなくても1発でカバー力あり。満足感♪（2位）

> カバー力が本当に高い。下地を仕込まなくても、肌トラブルがなかったことに（1位）

2位 クレ・ド・ポー ボーテ
タンクッションエクラ ルミヌ ピンクオークル 00

ダイヤモンドの輝きに着目し開発。肌にのせた瞬間みずみずしくうるおい、重ねるほどに華やぎに満ちた艶肌を実現するクッションファンデーション。メイクアップとスキンケアが融合。SPF25 PA+++ 15g ¥11,000（セット価格）

3位 espoir
プロテーラー ビーベルベット カバークッション 21 アイボリー

厚塗り感なく肌にピタッと密着し、ふんわりさらさらな肌を演出するクッションファンデーション。薄づきなのに毛穴やお肌の悩みを徹底カバー。まるでベルベットのようにやわらかいマットテクスチャー。SPF34 PA++ ¥3,190

「崩れにくい」部門

一日あくせく動いても、汚くならない！
崩れにくさピカイチはこれ。

1位 コスメデコルテ
ゼン ウェア フルイド

肌に薄く均一に伸び広がる密着カバー効果。負担感がないのに高いラスティング効果を実現。いきいきとした美しさが24時間続くリキッドファンデーション。汗・皮脂・乾燥・こすれ・高温多湿にも強く、二次付着レス。SPF25 PA++ 30mL ¥6,600

> 視聴者さんが選ぶ落ちにくいファンデランキングでも第1位！実際に使って確かに崩れにくかった（1位）

> ソフトマットタイプで、美しい仕上がりが続くヌードコンシャスな商品。特に崩れにくい比較して何回やっても成績優秀（2位）

> クッションタイプなのに崩れにくい！崩れにくさと手軽さの両立が叶うファンデ（3位）

2位 シュウ ウエムラ
アンリミテッド ラスティング フルイド 375

どんな肌色にもマッチする、アジア人のためのカラー。汗・湿度に強く、マスクにも色移りしにくいロングラスティング。薄く、軽く、そして続く。あなたの個性を輝かせる、素肌美ファンデーション。まるで美しい素肌を纏うような体験です。SPF24 PA+++ 35mL ¥6,930

3位 Javin De Seoul
Wink Foundation Pact 19 COVER PALE

角度を変えるとウインクするパッケージが特徴のクッションファンデーション。軽い着け心地なのに優れたカバー力で、長時間崩れにくいロングラスティング処方。オールシーズン使える！ SPF50+ PA+++ 15g ¥3,080

010　CHAPTER 1　ぜんぶためしてわかった！ありちゃんのベストコスメ

お肌はメイクの土台！
ベースになるファンデーションは一番気合いを入れたいところ♡

「しっとり艶肌」部門

やっぱり艶やかな肌は生命感があって美しく見える。
保湿力が高いのは？

クレ・ド・ポー ボーテ

1位 ル・フォンドゥタン n
ピンクオークル 00

別次元の美しさを追究し、生まれたラグジュアリーなスキンケアファンデーション。肌にのせた瞬間から、うっとりするような贅沢な使い心地で、ハリのある輝く肌へ。今日よりも明日、さらにその先の未来の肌を導いてくれる。SPF25 PA++ 30g ¥33,000

2位 すごく滑らかでしっとりとしたファンデ、つけた瞬間しっとりする。再生力のあるヒトエキスが有効成分

3位 プチプラだけど、プチプラとは思えないくらいのしっとり感。メッシュタイプで生っぽい艶感を出したい人にはこれ

1位 3万円以上する代物。高いだけある使用感となめらかさ。生っぽいしっとりした艶感を出せる

シン ピュルテ

2位 アンビシャス ビューティーセラム
ファンデーション
01 明るいベージュ

どこまでも加湿する美肌錯覚ファンデーション。スキンケア直後のような湿度と満ちていくハリ感で、ハイライト不要の艶を感じられる。美容成分がまるで美容パックのように素肌を育む。高いUVカット力で、365日使える！ SPF50+ PA+++ 30g ¥6,800

ミシャ

3位 ミシャ グロウ クッション ライト
NO.21N

崩れに強い、輝き続く、水つやクッション。マスクプルーフテスト済み処方で、汗・ムレにも負けず、長時間つけたての仕上がりが叶います。美容液成分を62%配合し、素肌のような内側からにじみでる水艶仕上がり。SPF37 PA+++ 13g ¥2,640

「自然な美肌」部門

ファンデーションの塗りすぎはNG。
厚塗りしなくても綺麗になるアイテムを探して！

ローラ メルシエ

1位 フローレス ルミエール ラディアンス
パーフェクティング トーンアップ クッション
FAIR ROSE

ダイヤモンドパウダー配合で、光を反射し動きに合わせる艶感や、使うたびにうるおうような保湿効果。紫外線などの環境ストレスからもガードし、肌なじみのいいローズピンクピグメントが叶える透明感と血色感。SPF50 PA++++ 13g レフィル ¥5,720 ケース ¥1,650

2位 しっかり肌トラブルをカバーしてくれるけど、軽くてあまりメイクした感を感じにくい

3位 ファンデーションの綺麗な薄膜を塗っているかのような仕上がり！

1位 カバー力の高さと自然な肌っぽさが両立できる奇跡のファンデ

セフィーヌ

2位 シルキーウェット リクイド
01 明るい肌色

素肌に近い仕上がりなのに、肌をなめらかにカバー。吸い付くような軽やかさで肌になじみ、美容成分が日中の肌負担を減らし、メイク中も美肌ケア。肌にやさしく、くずれにくいリキッドファンデ。SPF50 PA+++ / SPF50+ PA+++ 12g ¥4,400

NARS

3位 ライトリフレクティング ファンデーション
02164

メイクアップとスキンケアを独自にブレンド。瞬時に肌の気になる箇所をぼかし、キメの整ったなめらかな肌に仕上げ、シミ、くすみ、赤みを目立たなくしてくれる。成分の70%以上をスキンケア成分で構成し、肌を守りながら潤いを保つ。30mL ¥6,930

ハイライト・シェーディング編

ハイライト「肌なじみ」部門
艶も浮いて見えてしまったら作り物感が否めず残念な仕上がりに。より肌になじむのはこれ。

1位 M·A·C ミネラライズ スキンフィニッシュ ライトスカペード
独自の製法でマクロパールとマイクログリッターを同時に配合。シアーで挑発的なゴージャスな仕上がりに。ハイライト・アイシャドウなどにも使える！自然に肌になじむ、上品な艶を作ってくれる逸品。10g ¥5,830

ハイライト「発光」部門
とにかく艶をお顔に足したい人！集まれ！発光力で選んだハイライトを徹底選出♡

> カラーがベージュとピンクの2色展開。プチプラだけどしっとりしていて、綺麗に発光

> フェイスパウダーだけど、使った中で一番発光する。パウダーとは思えないくらいわかりやすくテカーン！

> 発光を感じるけど肌になじむ。艶感がおしゃれでチラチラキラキラ。パッケージも可愛い！

> しっかり発光は感じつつもなじむ、貴重さ、定番だけどシンプルに一番使いやすい！

> とにかくわかりやすく発光する。カラバリも増えてきて楽しめる幅が広かったのもいい

2位 クレ・ド・ポー ボーテ ル・レオスールデクラ 21 Daybreak Shimmer
表情を美しく際立たせるハイライティングパウダー。動いているときも、静止した瞬間も、内側から光を放つように上品な艶やかさで、360度で目を惹きつける。輝きをひとはけ、オパールの優美さを。10g ¥9,350

3位 rom&nd ロムアンド ヴェールライター 01サンキスドベール
軽くシルキーな質感で肌に溶け込むようになじみ、艶を与えるハイライター。ナチュラルなのに加工したかのような陶器肌に。肌にのせるとパッと明るくなり、美肌見え。5.5g ¥1,430

2位 セザンヌ パールグロウハイライト 01 シャンパンベージュ
高輝度なパールがぎっしり。まるで肌の内側から発光したような艶感を演出してくれる。くすみやクマを光で飛ばして明るさを出し、お顔を立体的に見せるすぐれもの。本当にこの値段なの信じられない。2.4g ¥660

012　CHAPTER 1　ぜんぶためしてわかった！ありちゃんのベストコスメ

光と影を操れば、骨格まで変えられる！
顔の凹凸を仕込む優秀アイテムはこれ！

シェーディング「肌なじみ」部門

自分の落ちた影かのように、より自然に見せられるかどうかが、腕の見せどころ。

1位　ローラ メルシエ
トランスルーセント ルース セッティング パウダー ライトキャッチャー

煌光するように輝く、ルミナスな仕上がりのルースセッティングパウダー。30%配合のマルチディメンションパールが、光を集めて拡散。肌を自然に補正しながら、ギラつきでもテカリでもない、内側から光を放つような明るい輝く肌に。29g ¥5,720

1位　ヴィセ
シェード トリック

透け感のあるシェードトリックパウダー配合。シェーディングにありがちな隠ぺい感・くすみ感なく、クリアな陰影を叶える。密着感にすぐれたラスティング成分配合で肌にピタッと密着。8.5g ¥1,760（編集部調べ）

影を直接仕込んでいるような感覚。スティックタイプなので、手軽にパパッと使えるのがポイント

クレヨン感覚で使えるシェーディング。顔のいろいろな細かいところに影を仕込めるし、ぼかしやすい

幅が広い4色入っていて楽しめるのも推しポイント。華やかな感じの発光

発色がいい意味で控えめ。シェーディング効果を感じるけど、失敗しないから使いやすくちょうどいい

3位　ディオール
ディオール バックステージ フェイス グロウ パレット 001

フェイス グロウ パレットは、ナチュラルで健康的な艶から印象的な輝きまで、どんなルックにも一瞬で自在な輝きをプラスする、ディオール メイクアップ アーティストの秘密兵器。光で肌に立体感を与えながら、明るい艶肌へ。10g ¥6,050

2位　KANEBO
カネボウ シャドウオンフェース

肌なじみのよい影色をつくるために、ファンデーションの構成顔料のうちの「赤・黄・黒」のみで設計したカラー。「透け影」を塗る。肌に溶け込むような陰影を仕込んで、顔の造形を自然に際立たせる。¥3,300

3位　&be
コントゥアペン

顔に立体感と奥行きを与え、理想の顔型と引き締まった小顔を叶えるシェーディングペン。クレヨンタイプのスティックで描きやすく、肌になじんで自然に仕上がる。整肌成分と保湿成分も配合し、メイクしながら素肌をケア。1.3g ¥2,750

アイシャドウ編

「単色 ブラウン」部門

王道のブラウンはいくつ持っていても困らない！
自分に合った、たった1つのブラウンを探して。

1位 コスメデコルテ
アイグロウジェム スキンシャドウ
12G

スキントーンの光る透け艶アイカラー。目もとに、流れる輝きのグラデーションと濡れたような艶をもたらす。クリームとパウダーのそれぞれの良さを両立した処方で高いフィット感と美しい仕上がりを叶える。¥2,970

> ブラウンではあるけど、くすみのあるおしゃれなブラウンなのかい！気分転換したい時に使いたくなるカラー

> 単色使いもいいけるし、これ一色でクラテもできる！伸ばすだけで簡単、時短コスメと思う

> SNSでめっちゃバズった。涙袋に入れるとあっという間に涙袋が爆誕！カラーもいいけどパール感もいい

2位 マジョリカ マジョルカ
シャドーカスタマイズ
BE286 ゴージャス姉妹

まばゆく発色するフォルム整形シャドウ。吸いこまれそうな奥行きのある目もとを叶えてくれるパウダーシャドウ。ひと塗りでまばゆく発色し、光の効果で目もとが立体的に生まれ変わる。BE286 ゴージャス姉妹は、特に人気のカラーの1つで肌なじみの良いベージュ。¥550

3位 Laka
モノアイシャドウ
901 Teddy

感覚的な色彩を取り入れた多彩なモノアイシャドウ。カラー濃度や輝きなど、自分の好みに合わせて調節でき、誰でも簡単に完成度の高いアイメイクを実現。手軽にコントロールできるテクスチャーとなめらかな塗り心地。¥1,045

「単色 ピンク」部門

ピンクは血色感も可愛らしさも足せるから、
1つは持っていたいカラー！

1位 アディクション
ザ アイシャドウ スパークル
005SP Moon River

眩いほどの煌きを叶える華やかな仕上がりのパウダーアイシャドウ。大きめのパールやラメが高配合。スキンメルトテクノロジーにより密着感が高く、華やかな煌きを与えてくれる。005SP Moon Riverは、月光を思わせる青みのバイオレット。1g ¥2,200

> めちゃくちゃ透明感仕込める、フルベお得意のピンクオーロラ系のアイシャドウ

> イエベさんも使えるピンクカラーたと思う。カラバリも多いアイシャドウ

> 発色もよければ煌めきもいい！華やかに仕上げたい人向け

2位 エクセル
アイプランナー
R05 シナモンフィグ

「SHINY」「RICH」「FLUFFY」「DAZZLE」「GLOSSY」の質感の異なる5タイプから自由に組み合わせて、毎日お気に入りの目元をプランニング。R05は、リッチな高発色と繊細な艶で色遊びを楽しめる「RICH」タイプ。¥990

3位 キャンメイク
シティライトアイズ
[04] シャモアピンク

まるで夜景みたいにキラキラと輝く、高輝度パール配合のシングルアイシャドウ。なめらかに伸びるしっとりとした粉質なので、ムラになりにくく綺麗な仕上がりが長時間続く。パールが最大限に輝く指塗りがおすすめ。¥638

今やなかなか自分にあったアイテムを探すのは難しいもの。
カラーと色数でベスコスをまとめてみたよ！

「単色 オレンジ」部門

オレンジは季節柄や、気持ちを高めたい時などにまといたくなる！ 気分を変えるのにバッチリ。

1位 エクセル
グリームオンフィットシャドウ
GF02（エッグカップ）

なめらかな質感と繊細なきらめき。高密着なスティックアイシャドウ。ウォータープルーフ×スマッジプルーフなので、抜群の密着力！ 夜までヨレずに美しさが続く。まぶたに広く塗りやすい丸い芯先。GF02は眩い日差しを感じるコーラルオレンジ。¥1,320

「パレット ブラウン」部門

ブラウンのパレットはグラデがつくりやすく、目力アップのアイメイクが叶う！

1位 b idol
THE アイパレ R
01 本命のブラウン

質感の異なるきらめきパウダーと、こだわりの配色で視線をひきつける印象的な目元へ。立体感をつくる艶増しハイライター入り。細部まで計算されたベストパレットで、一気にアイドル級の目力を演出。
¥1,980

ポップなオレンジ、質感がバームタイプなので、色っぽい目元に仕上がる！

2位

3位

1位

こなれお洒落カラー、密着力が高くて落ちない！

締め色にも使えるカラー。こっくりお洒落なオレンジ

肌なじみがいいベージュカラーの色展開なのでグラデが作りやすい

2位

3位

マット、パール両方入ってるから、落ち着いたブラウンにも華やかなブラウンにも仕上げられる

1位

王道の可愛いブラウンシャドウ。ずっと長いこと愛用してる。キラキラもあり。

2位 ETVOS
ミネラルアイバーム
シナモンオレンジ

美容クリームがベースの単色アイシャドウ。天然ミネラルの繊細なパールが艶やかに発色し、まぶたのくすみを払いながら印象的な目元に。シナモンオレンジはスタイリッシュさと可愛さが漂うオレンジ。
¥2,750

3位 hince
ニューデップスアイシャドウ
V003 インスパイア

軽いつけ心地と感覚的なムードを演出するベルベットマットのテクスチャー。アイシャドウとしてはもちろんシェーディングまで利用できるマルチユースアイテム。V003 インスパイアは、新しいインスピレーションをくれる、ミューテッドオレンジ。¥2,200

2位 ルナソル
アイカラーレーション
15 Flawless Clarity

濡れたように艶やかなオイルリッチ処方で、透明度・輝度の高いパールを配合。ルナソルのアイシャドウでは最大サイズの高輝度パール。15は、肌に寄り添う 洗練されたベージュに、まばゆい光の立体感をまとったフローレスクラリティ。¥6,820

3位 セザンヌ
ベージュトーンアイシャドウ
02 ロージーベージュ

肌馴染み抜群のベージュを基調としたカラー。ラメ・パール・マットの3質感を重ねて、自然にまぶたを強調し奥行のある大きな目元へ。しっとり溶け込むような柔らかなパウダーなので、まぶたにピタッと密着。ほんのりローズを感じる、甘やかなロージーベージュ。¥748

015

アイシャドウ編

「パレット ピンク」部門

ピンクが中心となったアイパレットは
甘くも甘辛にも仕上げられるから、ワクワク♡

ジルスチュアート

1位 ジルスチュアート
ブルームクチュール アイズ ジュエルドブーケ
01 cymbidium cameo

リッチな輝きが持続するジュエルブリンクカラー1色と、肌に密着して透明感をあたえるスフレブライトカラー1色、繊細で濃密な彩をあたえるブーケカラー3色の、異なる質感と発色のカラーが1つになったアイカラーパレット。¥6,380

透け感のピンクシャドウ。フルベさんからの支持もかなり高いカラー！

ラメ感が特徴でダイヤモンドみたいなキラキラ。ピンクでキラキラさせたいならこれ！

ピンク系だけど甘すぎない上品ピンク、真ん中にラメがあるけどそれもめちゃくちゃ可愛い

YSL

2位 クチュール ミニ クラッチ（アイシャドウ）
No.500 メディナ グロウ

この上なくラグジュアリーな、クチュールの煌めきと色彩。ジュエリーのような煌めきとタイムレスなヌーディカラー。スキンケア発想の上質ファブリックテクスチャーが粉飛びせずぴたっと密着し、目元をドレスアップ。¥9,900

アディクション

3位 ザ アイシャドウ パレット
005 Vintage Tutu

時代を超えて受け継がれる美しき物語を投影したアイシャドウパレット。ベルベットのようにやわらかな質感と、肌へ溶け込むような透明感で、唯一無二のニュアンスが叶う。多彩な質感のベーシックカラーで多面的な魅力を表現。¥6,820

「パレット オレンジ」部門

オレンジが中心となったパレット。
大人っぽくも元気いっぱいにも演出できる幅のあるカラー。

anjir

1位 イレジスタブル アイシャドウ
02 Orange Peel

まぶたが持つ本来の色を活かしながら、しっとりと肌に溶け込むように発色。ひとつのパレットに2つの質感、5つのカラーをセットし、相反する締め色とアクセント色をひとつにすることで、その人が持つ内側の様々な色や感情を表す。¥4,950

おしゃれなレンガオレンジ。大人っぽくおしゃれに仕上げたい時に

右にクリームとパウダーの質感違いのオレンジが入っていてめちゃくちゃ可愛い！左上のラメも

結構明るめのオレンジ。ツヤタイプなので、明度高い艶タイプが好きな人におすすめ

SUQQU

2位 シグニチャー カラー アイズ
02 陽香色 -YOUKOUIRO

SUQQUのシグニチャーなアイシャドウパレット。なめらかなテクスチャーで薄膜でぴたっと密着。洗練された色と透明感を追求し、重ねても濁らず白浮きなく生命感のある光沢を叶えるアイシャドウ。¥7,700

キャンメイク

3位 シルキースフレアイズ
[07] ネクタリンオレンジ

シルクのような艶感とスフレのようななめらかさ。繊細なパールが配合されたやわらかなしっとりパウダーで、上品な目元に。[07]ネクタリンオレンジは、目元を明るく見せるコーラルオレンジ。しっとり密着、リッチな質感、透けツヤ4色アイシャドウ。¥825

CHAPTER 1 ぜんぶためしてわかった！ありちゃんのベストコスメ

マスカラ編

カール、ボリューム、ロングとまつ毛の仕上がり別、そしてカラーや下地など、よりメイクをパワーアップさせるアイテムを厳選！

「カール」部門

くるんと上向きまつ毛をキープしたい人は、カール重視でマスカラを選んで！

1位 エテュセ アイエディション（マスカラベース）

つけるほどまつ毛を長く、太く、濃く、バージョンアップするマスカラ下地。まつ毛が下がらないよう軽量で、上からつけるマスカラがピタッと密着するなめらかなベースを採用し、強力カールキープ効果とダマのない仕上がり。¥1,100

「ボリューム」部門

毛1本1本にしっかり太さを出したい人は、ボリュームタイプのマスカラを！

1位 ヒロインメイク ボリューム＆カールマスカラ アドバンストフィルム 02 ブラウン

フィルムとウォータープルーフの長所を両立したマスカラ。にじみやボロボロ落ちのない耐久性の高さを実現しながらも、お湯＋いつもの洗顔料で簡単にオフが可能。塗った瞬間にさっと乾いてまつ毛を強力固定。長時間キープしてカールが崩れない！¥1,320

朝のカールが夜まで維持されているくらいカールキープ力高い！

マスカラ下地だけどこれ1本で十分な仕上がり。自然に目力アップして万人受け

ダマになりにくい、カールキープ力がすごいのにプチプラ！総合点が高い商品

ダマにならずちゃんとボリューム感を出してくれる。テクなしで綺麗に

しっかりボリューム感が出るし、クリアなブラックが仕上がりを際立たせる！

1本1本太さを出しつつも、カールキープ力もあるから、とにかく目力UP

2位 キャンメイク クイックラッシュカーラー [BK]ブラック

マスカラ下地・トップコート・マスカラとして1本3役で使える。優れたカール＆キープ効果で瞳パッチリ！手持ちのマスカラの上から重ね塗りするだけで、まるでアイラッシュカーラーで持ち上げたようなくりんカールが長時間持続。¥748

3位 ポール＆ジョー ボーテ ウォータープルーフ マスカラ デュオ 01

デュオタイプのウォータープルーフマスカラ。ブラシにベースにとことんこだわった2タイプのマスカラが、まるでぱっと花が咲いたかのように美しく扇状にセパレートした上向きロングなまつ毛に。汗・皮脂・涙に強いウォータープルーフタイプ。¥3,850

2位 D-UP ボリュームエクステンション マスカラ

まつげ一本一本を濃く、長く、毛先まで美しくコートする、濃密美ボリュームマスカラ。2種類の毛をミックスした立体スクリューブラシと、ダマにならずなめらかな塗り心地のボリュームフィルム液で、まつげの一本一本をキャッチ。¥1,650

3位 rom&nd ハンオールフィックスマスカラ V01 VOLUME BLACK

時間が経っても綺麗なカールをキープし、一本一本に細かく塗ることができて塗りやすい。汗や皮脂に強くパンダ目を防いでくれる、ウォータープルーフタイプ。ダマになりにくく毛先まで美しいまつ毛に仕上がる！¥1,430

017

マスカラ編

「ロング」部門

まつ毛に長さを出して
目幅も大きく見せたい人は
ロングマスカラを選んで！

1位 ピメル
パーフェクトロング＆カールマスカラ 透け感ブラック

繊細ロング×夜までカール、まるで自まつげが伸びたみたいな、うそつきマスカラ。さっとひと塗りで、ナチュラルだけど目力UPを叶える透け感ブラック。重ねてもダマにならないセパレート仕上げで強力カールキープしてくれる。¥1,100

「カラー」部門

お洒落に抜け感を出したいなら、
カラーマスカラを
チョイスするのも手！

ナチュラルだけど目元UP。テクスチャーのなめらかさと軽さにこだわりあり！

繊維がたくさん入ってるのですごい伸びる！

めっちゃ大好き。プチプラとは思えない。カールキープも長さも◎、ダマもなし！

奇抜な色が揃う。カラバリ豊富だから欲しいカラーを見つけやすい！

2位 セザンヌ
耐久カールマスカラ 01 ブラック

2mmの繊維が自然にロングまつ毛を演出。色×ロング効果で、目元の魅力を引き出します。1本でマスカラ下地・マスカラ・トップコートの3役。軽量ベースにホールド力の強い形状キープ成分を配合して、くるんと上向きカールに！ ¥638

3位 mude.
MDインスパイア ロングラッシュ カーリングマスカラ #01 ブラック

カールキープ×セパレートの繊細なまつげが夜までずっと続く。アジア人の目元に合わせたカーブブラシがまつ毛を隙間なくコーティング。油水分に強いワックスとオイルを柔らかくしたテクスチャー。重ねづけしてもダマにならない。¥2,000

2位 アディクション
ザ マスカラ カラーニュアンス WP

繊細な色彩のニュアンスを目元に宿す"色感マスカラ"。細く短いまつ毛も発掘するブラシで1本1本ていねいに彩れば、透明感のある眼差しへ。美しいカールが持続する、ウォータープルーフタイプ。全12色 ¥4,180

「下地」部門

しっかりキープしたい時やカラーを発色させたい時は、マスカラ下地を！

1位 ジルスチュアート
ブルーミングラッシュ ニュアンスカーラー

透明感とツヤ高いクリスタルクリアパウダー配合の、美しい発色で艶やかな仕上がりを叶えるニュアンスカラーマスカラ。マスカラ下地、トップコートとしても使用できる。まつ毛一本一本をしっかりと上向きに仕上げてくれる！ 全5色 ¥3,300

> ダマにならずに綺麗に伸びてくれるのに加えて、発色もすごくいい！

1位 ピメル
パーフェクトカール ロックベース

メイクしたてのカールが夜まで続く！まるでまつげパーマをしたみたいな、うそつき下地。強力カールキープで夜までクリアに上向きキープ！白く残らずまつげになじむクリアカラー。繊細なセパレート仕上げでウォータープルーフ。¥1,100

> どんなマスカラでもカール力のあるマスカラに変えられる！

> 下地の効果にプラスしてカラーもあって抜け感がアップなレアアイテム

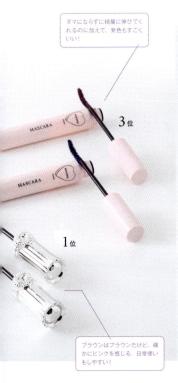

> ブラウンはブラウンだけど、確かにピンクを感じる。日常使いもしやすい！

> カール力UP、後からのマスカラに支障なし。束感作りやすい！

3位 フーミー
ロング＆カールマスカラN

メイクアップアーティスト、イガリシノブ的抜け感シャマスカラ。高発色で長く長くまつ毛上向きはロング＆カール。長さ、ボリュームがアップして瞳にインパクトを与えられる。発色も抜群で、お洒落顔にしたいならこれ。全8色 ¥1,650

2位 エレガンス
カールラッシュフィクサー

みずみずしい感触でしなやかな上向きカールに仕上げる、ウォータープルーフ処方の透明マスカラ下地。下向きまつ毛も、直毛まつ毛もビューラーでカールしたてのような仕上がりに。すばやく乾き、負担も少ない使い心地。¥3,300

3位 ヒロインメイク
カールキープ マスカラベース ブルーグレー

マスカラ前のひと塗りで強力カールキープとロング＆ボリュームUPを叶えるマスカラ下地。落とすときはお湯でふやかしていつもの洗顔料で簡単オフ。まつ毛美容液成分配合。白残りしないブルーグレー色。¥1,100

019

リップ編

「落ちにくいリキッド」部門
密着力の高いリキッドタイプで
より落ちにくいアイテムを紹介するよ!

1位 ディオール
ルージュ ディオール フォーエヴァー リキッド

マスクプルーフのリキッドルージュ。驚くほどの柔軟性と通気性に優れた「フィルム」を唇表面に形成することで、マスクにつきにくい処方とロングラスティングを実現。軽いつけ心地と、高い密着度で、美しいリップメイクを叶えてくれる。全16色 ¥5,500（編集部調べ）

「落ちにくいスティック」部門
スティックタイプだけどしっかり発色で
落ちにくいアイテムをご紹介!

1位 KATE
リップモンスター

つけたての色がそのまま持続。保湿・色持ちを兼ね備えた高発色リップ。唇から蒸発する水分を活用して密着ジェル膜に変化。独自技術により長時間の色持ちを実現。バズりにバズった大人気のアイテム。全14色（内WEB限定4色）¥1,540（編集部調べ）

- みずみずしい艶々唇に仕上げてくれるリップ。ジューシーな感じの質感に!
- プチプラの落ちにくいリップの王道。テクスチャーも軽くて使いやすい!
- 高発色で、ご飯を食べても飲み物飲んでもマジで落らない!
- ティントじゃないけど落ちにくい!発色がナチュラルでキレイ!発色て選ぶならこれ!
- ティントじゃないけどしっかり密着。デパコスの優秀さを感じる!
- ティントじゃないけど落ちにくい。使い心地がよく、万人が使いやすい!

2位 セザンヌ
ウォータリーティントリップ

塗った瞬間からみずみずしいウォータリーなツヤが魅力のリップ。濡れツヤ感があるのにグロスのような膜感を感じることなく、ペタッとすることもないテクスチャー。元の唇の状態が良いと、朝塗ってお昼頃までツヤ感キープも叶う!全9色 ¥660

3位 Laka
フルーティーグラムティント

爽やかな果汁のようなカラーと豊かな光沢で明るく生き生きとした印象を与えるグロウティント。高保湿&高光沢テクスチャーが時間が経っても薄れない艶を持続させると共に10種類のビタミン果汁が生き生きとした唇に導く100%ヴィーガンのティント。全21色 ¥1,980

2位 ヴィセ
ネンマクフェイク ルージュ

粘膜のような色と艶がピタッと密着して一体化、むっちりとした色気のある唇が長時間つづくルージュ。唇の内側の粘膜のような色・質感を再現した粘膜カラーが、唇の血色を自然に高めて、むっちりとした色気のある印象的な唇へ。全6色 ¥1,540（編集部調べ）

3位 ディオール
ルージュ ディオール フォーエヴァー スティック

マスクプルーフとリップケアを同時に叶えるルージュ。高配合されたピグメントが鮮やかな発色を実現しながら、たっぷりと注がれた自然由来のリップケア成分が、心地よく、美しい仕上がりをキープ。マットな仕上がり。全16色 ¥5,500（編集部調べ）

落ちにくいリキッド・スティック、高保湿と高発色、透け感やプランパーアイテムなど、
さまざまな仕上がり別でアイテムを厳選！

「保湿力が高い」部門

乾燥しやすい唇は、しっかり保湿もできて
カラーもできるリップが抜群。

イヴ・サンローラン・ボーテ
1位 ルージュ ヴォリュプテ シャイン・キャンディグレーズ

スキンケア成分78%配合で、唇に触れた瞬間から1日中リップパックをしているような夢のつけ心地を実現。メイクアップもケア効果もはしいままに叶え、ヴォリューミィでキャンディのような唇に仕上がる。全11色 ¥5,500

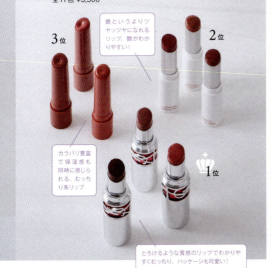

艶というよりツヤッツヤになれるリップ。艶がわかりやすい！

カラバリ豊富で保湿感も同時に感じられる、むっちり系リップ

とろけるような質感のリップでわかりやすくむっちり。パッケージも可愛い！

rom&nd
2位 ロムアンド グラスティングメルティングバーム

高保湿のオイル成分が、むっちり・もちもちと弾むような質感の艶唇へ。植物性原料にこだわり、どこまでもなめらかな使用感を実現。鮮やかに仕上がる多彩なカラーバーム。ヌーディカラーやミュートカラーが中心の色展開。全7色 ¥1,320

b idol
3位 つやぷるリップ R

うるおい&発色にとことんこだわった、究極に艶ぷるな唇になれちゃうリップ。その上、美容成分が唇を保湿ケア&ティント処方で発色も長持ちと、しっかり保湿×キレイに発色×ボリュームUPの"1本3役"。ササッと塗って、すぐに可愛いが完成。全7色 ¥1,540

「高発色」部門

ひと塗りで美しく仕上がって使い勝手抜群！
高発色なリップをご紹介。

アディクション
1位 ザ マット リップ リキッド

濃密でマットなカラーが一日中楽しめる、超軽量なリキッドルージュ。見たままのカラーが唇を彩り、ラインと発色がずっと続く。こだわりのチップなら、唇全体にむらなく色をのせることも美しいラインも自由自在。高密着なのに軽い使用感。全21色 ¥3,520

唇を染め上げたような高発色なリップ。高発色でテクスチャーなめらか

高発色でかなり密着力高くてすぐベタベタ感じるくらい。落ちにくい

THE 高発色マットリップ。バキッと仕上がるけど、それが続く

クラランス
2位 コンフォート リップオイル インテンス

スキンケアと高発色カラーを実現した新リップオイル。トリプルプラントカクテルとアンティビューションコンプレックス配合。軽いテクスチャーでべたつかず、ひとぬりで高発色。滑らかさと艶やかな輝きがロングラスティング。全6色 ¥3,850

メイベリン ニューヨーク
3位 メイベリン SPステイ ヴィニルインク

色もツヤも落ちない！ 濃密な発色で顔色トーンアップ。最大16時間の長持ち効果。塗りたての仕上がりが続く。はっきりとした発色でうるおい感のある仕上がり。一日中、心地よく唇をふっくらとみせ、縦じわが目立ちにくい。全13色 ¥1,969（編集部調べ）

021

リップ編

「透け感」部門

自分の唇の色を活かしながら
ナチュラルな発色と透明感が可愛い！

1位 SNIDEL BEAUTY
リップ ケアカラー

唇にふれると体温によって美容成分がとろけだし、こだわり尽くした洗練のニュアンスカラー。日々のしぐさのなかで、リップクリームを塗るように肩の力を抜いて気軽に楽しみながら、ダメージに敏感な唇をリッチなうるおいで守り、なめらかに。全4色 ¥3,080

> マットなんだけど透け感があるので、マットに苦手意識があっても使いやすい

> 透け感のあるリップティントの王道。ひと塗りだとかなりシアー

> リップクリームとリップの中間のようなリップ。シアーな血色感

2位 オペラ
リップティント N

透けながら唇そのものを色づかせ、自分だけの色と質感を表現するリップティント。ひと塗りで美しく発色するのに、決して"濃く"感じさせない、洗練された抜け感のある仕上がりに。唇の水分に反応してキレイに色づく「ティント処方」。全9色 ¥1,760

3位 SUQQU
シアー マット リップスティック

"ほのかに透ける"おだやかなマット感を演出するリップスティック。薄膜で軽やかな使い心地で鮮やかな色彩が濁らず、繊細なシアー質感で発色。SUQQUの頭文字「S」の印が刻まれたデザインが可愛らしい。全14色 ¥5,500(セット価格)

「プランパー」部門

唇をぷっくり盛れる艶仕上がりの
リッププランパーを厳選！

1位 ディオール
ディオール アディクト リップ マキシマイザー

1日中続く潤いと、あふれる輝きを得て、滑らかでふっくらとメイクアップ効果でボリュームアップした唇を叶えてくれる。透明感を際立たせるナチュラルなカラーから鮮やかに発色する魅力溢れるシェードまで幅広く揃え、あらゆるメイクアップに。全29色 ¥4,620

> 花束みたいなパッケージで可愛い。ピリピリしてプランパー効果は高め！

> カラバリ豊富で質感も4展開あるから楽しめる幅が広い。そして見た目も可愛い！

> 色もプランパーも楽しめる。重ね使いしなくてもこれ一つでOK

2位 ジルスチュアート
クリスタルブルーム リップブーケ セラム

うるおい溢れるリップ美容液。高い保湿効果でたっぷりのうるおいをあたえるメルティングフィットオイル、艶をあたえて保護するクリスタルコーティング成分、さらに5種類の植物由来の保湿成分を配合。ふっくらぷるんと、艶高い唇へ導いてくれる。全7色 ¥3,740

3位 HERA
センシュアルヌードグロス

澄んだ艶で演出する、ボリュームメイクグロス。輝き艶感でふっくらとプランピングしたようなメイクルックを演出し、透明感のあるぷるぷるリップに仕上げてくれる。ベタつきを抑えてフィット感を高め、より軽やかにさわやかに。全5色 ¥4,400

アイライナー編

みんながよく使う、リキッド・ジェルの2タイプに絞って、機能性が高いと感じるおすすめのアイテムを紹介するよ！

「リキッド」部門

くっきりとしたラインを引けるリキッドタイプのアイライナーをご紹介。

1位 ルミアグラス Skill-less Liner

空気圧を最適に制御し、インクをスムーズに供給。目尻までかすれずにみずみずしく描き、液漏れもしっかり防止。アイライン崩れを引き起こす5つの原因「水、涙、汗、皮脂、摩擦」から守る独自処方の「EX5ブロックインク®」を開発。¥1,650

「ジェル」部門

スルスルと描けて、ピタッと密着するジェルタイプのアイライナーをご紹介。

1位 キャンメイク クリーミータッチライナー [02]ミディアムブラウン

くっきり濃密発色！キレイなラインが長続き。1.5mmの超極細芯で、まつげのすき間埋めもラクラク。くり出しタイプなので使いやすい。一度乾いて密着すれば、とにかく落ちにくい！とろける描き心地がたまらないアイライナー。¥715

- とにかく落ちにくい！落ちにくいのが欲しかったらこれ！
- 平均よりペン本体が少し重いから、ぶれにくい！
- 落ちにくいのにお湯でオフできるのがポイント！

- 力なしでもスルスルかけて色が出る！細い！落ちない！
- ペン先がかなり極細なので、細かいところでも描きやすい！
- 1発でしっかり描けて、落ちにくい！

2位 CAROME. ウォータープルーフ リキッドアイライナー ブラウンブラック

毛先0.1mmの極細毛でなめらかな描き心地。目じりラインもクッキリ。まつ毛の根元や、乾燥しやすい目のまわりをケアする美容液成分を配合。水・汗・涙に強い設計ではあるものの、クレンジングで簡単にオフできる。¥1,540

3位 ヒロインメイク スムースリキッドアイライナー スーパーキープ 03 ブラウンブラック

耐久性の高い処方で、涙・汗・皮脂に強く、美しいラインを長時間キープ。描きやすさにこだわった、コシのある極細筆でまつ毛の際も目尻のはねも簡単に描ける。にじみにくいのに、お湯でオフ！染料不使用で肌に色素が残らない。¥1,100

2位 b idol イージー eyeライナー 02 純粋ブラウン

濃密発色×ウォータープルーフ×美容成分配合のしっとり極細ジェルライナー。ワンタッチでくっきり描ける。濃密発色でピタッとフィットして滲まない。繊細なメイクも大胆なまなざしも誰でも簡単に叶う。高発色＆高密着。¥1,210

3位 チャコット ジェルライナー 【271ブラウン】

目のキワにもやさしい、なめらかな描き心地のジェルライナー。濃厚で美しい発色と耐久性を追求した、極細2mm芯。速乾性による優れた密着力で汗、皮脂、こすれにも強いスマッジプルーフ処方。ジェルのようにスルスルとした描き心地。¥1,650

023

チーク編

「パウダー」部門

ふんわりとやさしく血色感を足すことのできるパウダーチークを厳選！

1位 ディオール
ディオール スキンルージュ ブラッシュ

厳選した超微細なピグメントを配合したクチュールカラーが、内側から上気したような美しい血色で頬を彩り、長時間続く。軽やかなテクスチャーでシルクのように柔らかく肌になじみ、ひと塗りでナチュラルな血色と輝きが。全16色 ¥7,150

「リキッド」部門

内側から滲んだような血色感と、密着力の高さが特徴のリキッドチーク！

塗るだけで血色感と同時に艶感もプラスできるチーク

発色が血色カラーでまるで元から自分の血色のよう！

水みたいなチークで馴染みがいい、透明感のある発色！

2位 / 3位 / 1位 / 2位

2位 アディクション
ザ ブラッシュ

繊細なきらめきが美しいパールタイプと、さまざまな空の表情からインスパイアされたマットタイプ、光で遊ぶようにニュアンスをチェンジできるニュアンサータイプ。全部で3種のテクスチャーがある。全28色 ¥3,300

3位 FORENCOS
ピュアブラッシャー

まるで何もつけていないかのような自然な血色感。細かいパウダーでふわサラな仕上がり。ウサギのしっぽをイメージした専用のパフ付き。パフは、可愛いだけでなくもちもちの肌触りで、塗り心地最高。全5色 ¥1,980（編集部調べ）

2位 アディクション
チーク ティント

まるで生まれつきのような血色感を長時間キープする、ウォータリーチーク。肌にべたつかず自然になじみ、フレッシュでヘルシーな印象に仕上がる。朝の冷気に自然と色づいたような、透明感のあるクリアな発色。全5色 ¥3,080

みんながよく使う、パウダーとリキッドとクリームのタイプ別に
おすすめのチークを紹介していくよ！

1位 シャネル
レ ベージュ オー ドゥ ブラッシュ

血色感と艶が弾ける、初めてのウォーターベースチークカラー。マイクロバブルの中にピュアな状態でキープされたカラーピグメントが弾け、内側からにじみでるようなナチュラルな血色感をもたらしてくれる。全4色 ¥7,700（編集部調べ）

「クリーム」部門

じゅわっと高発色に
色づきやすい
クリームチークを厳選！

1位 コスメデコルテ
クリーム ブラッシュ

「アイグロウジェム スキンシャドウ」の技術を応用した新感触ベースで、するすると軽くのび広がり、肌にしっとりとけこむクリームチーク。白膜感のないクリアな発色と、艶やかでナチュラルな血色感を叶える。全8色 ¥3,850

ナチュラルな発色で、密着力もある。華やかに見えるチーク！

密着力重視のチーク。量の調整もしやすいので仕上がりの幅が出せる！

プチプラの王道。テクなしで使えるので、コスメ初心者さんにもおすすめ！

肌なじみがよく、色落ちもしにくいので、単色使いでもチークのベースとしても◎

ホワホワ系チーク。しっとりもしているので、保湿感も感じられる！

3位 NARS
アフターグロー リキッドブラッシュ

軽やかでなめらかな質感のリキッドブラッシュ。内側から光を放つような艶のある血色感を与え、スキンケア効果ですこやかな肌へと整えてくれる。重ね塗りしても、シームレスになじむクリーミーかつシルキーなフォーミュラ。全6色 ¥4,620

2位 ローラ メルシエ
ティンティド モイスチャライザー ブラッシュ

ほんのり頬を染めた、艶っぽい肌。エフォートレスなクリームタイプのチークカラー。まるでスキンケアのようなみずみずしくなめらかなテクスチャーで、肌に溶け込むようにシームレスに色づく。全11色 ¥3,740

3位 キャンメイク
クリームチーク

塗った瞬間サラサラに変化するクリームジェルタイプチーク。うるおいたっぷりで、質感サラサラ。頬にのせた瞬間すっと溶け込んで、お肌の内側からにじみ出るように発色する。頬が自然に紅潮したような仕上がりに。全4色 ¥638

アイブロウ編

「ペンシル」部門

細かい毛流れを表現するのにピッタリなペンシルタイプのアイブロウをご紹介。

1位
エレガンス
アイブロウ スリム BR21

ノーテクニックで眉毛一本一本まで繊細に描ける極細芯。カートリッジタイプのアイブロウペンシル。形も濃さも思い通りの眉に仕上げることが可能。また、マットな仕上がりで肌への密着にすぐれ、化粧崩れもなし。¥4,180（セット価格）

「パウダー」部門

ふんわり眉に色をのせたかったらパウダータイプを。おすすめを厳選。

フワッとした発色に仕上がる。楕円芯なので太くも細くも描ける！

ペンシルだけどパウダーのような柔らかさ。スクリューブラシもついてる！

めちゃくちゃ細くて細かく描ける。細かいところの微調整に使う！

カラバリもおしゃれなものが多い。ブラウンに飽きたけど失敗したくない時に◎

2位 セザンヌ
超細芯アイブロウ 02 オリーブブラウン

眉尻の一本一本まで繊細に描ける、0.9mmの超細芯アイブロウ。眉毛1本1本を描きやすく、眉尻も繊細に描ける芯の細さ。力を入れなくてもしっかり描ける美発色。削る手間がいらない繰り出しタイプ。¥550

3位 キャンメイク
パーフェクト エアリーアイブロウ [03]シナモンブラウン

1本でふんわり眉を叶えるブラシ付アイブロウペンシル。パウダー無しでも、柔らかい眉毛がこれ1本で完成！朝の忙しい時間でもササッと簡単に、ふんわりとした眉に。持ち運びに便利なスリムボディなので、ポーチのお供にも◎ ¥495

2位 WHOMEE
マルチ アイブロウパウダー ブーケットブラウン

肌にも環境にも優しい処方※でリニューアル。アイブロウはもちろんアイシャドウ・チーク・シェーディングなどマルチに使える。用途によって使い分けできる2つの付属ブラシ入り。ブーケットブラウンは甘いニュアンスのピンクベージュ。¥1,980（※メーカー調べ）

ペンシル・パウダー・マスカラとタイプ別に
おすすめのアイブロウアイテムを厳選したよ！

1位 ルナソル
スタイリング アイゾーン コンパクト

アイゾーンの立体感を追求して生まれた、5色セットのアイブロウパウダー。肌なじみのよいベージュからブラウンのグラデーション。アイシャドウやアイライナーとしても使え、これひとつで立体的なアイゾーンを演出。¥4,620

「マスカラ」部門

眉毛一本一本に色をのせて
印象を変えられる
眉マスカラのおすすめ。

1位 デジャヴュ
フィルム眉カラー ウォームブラウン

"やわらか質感"×"しっかり発色"を両立した「眉専用フィルム」で、眉毛が固まってごわつくことなく眉毛本来のやわらかい自然な質感そのままの、軽やかでエアリーな仕上がり。先端直径3mmのコンパクトな極小ブラシ。¥880

付属のブラシも複数パターン入っているので、持ち歩きにも最適

ちょいふわマットなマスカラ液でしっかり発色。塗りやすさも◎

マスカラ液がなめらかなのに、塗ることで毛流れを強調できる

自分がなりたいテイストに合わせて色が選べるのがおすすめポイント！

ブラシがミニサイズなので、1本1本細かく塗れるのがポイント！

3位 エクセル
カラーエディット パウダーブロウ EP01 スプリングモカ

なりたい眉を自在に叶えるパウダーアイブロウ。肌の色やなりたい雰囲気に合わせたパーソナルカラー別ラインナップ。トレンドの髪色ともマッチする色味を選定しているため、ヘアカラーに合わせて選ぶのもおすすめ。¥1,595

2位 rom&nd
ハンオールブロウカラ 05 DUSKY ROSE

眉毛一本一本に均一にフィットし、サッとひと塗りで自然なカラーチェンジが叶う。自眉と馴染みがよく、トレンド感のあるマットなニュアンス眉へ。自然な毛流れをキープし、ふんわりとした仕上がりに。05 DUSKY ROSEは日本限定色。¥1,210

3位 エテュセ
アイエディション（ブロウマスカラ）EX 02. アッシュピンク

艶のあるアッシュカラーで眉毛の色を自然にカラーリングする眉マスカラ。透明感と柔らかさを演出するアッシュパール配合。毛流れを出してしっかりキープするのに、ごわつきしらず。地肌に液がつきにくい極小カーブブラシ。¥1,430

フェイスパウダー編

「カバー力が高い」部門

艶やカラーで肌のアラもカバーしてくれる
フェイスパウダーを厳選！

1位　ミラノコレクション
フェースアップパウダー 2024

ふわっと軽やか。繊細なベールのようにキメ細かく明るい肌をつくり込む、高機能フェースパウダー。しっとり心地よい感触で肌を包み込み、輝きを秘めたパウダーが、ファンデーションの透明感や明るさをひきたててくれる。¥9,900（編集部調べ）※数量限定

> カバーが高くて、パッケージもめちゃくちゃラグジュアリー。年1発売で特別感◎

> とにかく毛穴を抹消してくれる！サラサラ系のパウダー

> サラサラとした質感だけど、保湿感も感じるパウダー！

> 全体的に総合点をあげてくれるようなフェイスパウダー

2位　ローラ メルシエ
**トランスルーセント
ルース セッティング パウダー
トーンアップ ローズ**

高いセット力と持続力、何もつけていないかのような自然で軽いつけ心地のルースセッティングパウダーのトーンアップタイプ。アジア人の肌トーンにパーフェクトにマッチするようブレンドされたピンクシェード。¥5,720

3位　INNISFREE
ポアブラー パウダー

毛穴や凹凸をカバーし、シルクのようなスムーズ肌に仕上げるキメ細やかな微粒子フェイスパウダー。またテカリを抑えて、思わず触りたくなるような、スムーズな肌へ。添加物などをできるだけ省いたシンプルな8つのフリー処方。¥1,980

「崩れにくい」部門

汗・皮脂などでメイク崩れが気になる人に
おすすめしたいフェイスパウダー。

1位　ジバンシイ
**プリズム・リーブル
No.1 パステル・シフォン**

"人の肌色は単色では表現できない"というブランドの創始者ユベール・ド・ジバンシィの考え方によって生まれた、ルースタイプのフェイスパウダー。自然界にある光の魔法、プリズムを再現するように、4色のパウダーで完璧なまでの仕上がりを叶えてくれる。¥7,480

> サラサラ系テクスチャー。皮脂とテカリをしっかりと防止してくれる！

> 幅広い肌悩みを解決してくれて、崩れにくさも抜群です！

2位　チャコット
**フィニッシングパウダー モイスト
【773 クリア】**

白浮きしにくく透明なカバー力を発揮する保湿力の高いハイビジョン対応パウダー。どんなベースメイクにもマシュマロのような［ふわっとヴェール］しっとり透明な素肌感に仕上がる。メイクの上から化粧くずれと乾燥の防止に。¥1,980　※パフ別売

3位　コーセーコスメニエンス
メイク キープ パウダー

ベースメイクの最後にサッとなじませるだけで、サラサラ肌へととのえるフェイスパウダー。軽いつけ心地で白浮きせずなじみ、つけたての美しさと毛穴レスなサラサラ肌が長時間持続。皮脂によるテカリやベタつき、化粧崩れを防ぐ。¥1,320（編集部調べ）

CHAPTER 1　ぜんぶためしてわかった！ ありちゃんのベストコスメ

カバー力や崩れにくさ、美肌見え、保湿力など、
機能性別でおすすめのフェイスパウダーを選出していくよ！

「自然な美肌」部門

元からの肌のように
ナチュラルに美肌に見せてくれるフェイスパウダー。

エレガンス

1位 ラ プードル オートニュアンス I

シルクのような上質な肌触りと透明感を与える、プレストパウダー。色とりどりのベールトーンのパウダーがファンデーションの質感を生かしながら、肌に透明感のある印象とキメ細かさ、ふんわりとした明るさを与えてくれる。¥11,000

「保湿」部門

保湿成分や美容成分が含まれている
保湿力の高いフェイスパウダー。

コスメデコルテ

1位 フェイスパウダー 00

極上のシルクのような軽くなめらかなタッチで、しっとり肌に溶けこむフェイスパウダー。最高級オーガニックシルクパウダーを採用。独自の粉体技術で次々と細かな粒子にしたのち、さらに保湿効果の高いアミノ酸でコーティング。¥5,500

しっかり肌トラブルをカバーしてくれつつも自然さも残るプチプラ超えクオリティ

とにかく粉感がなくて、まるだけで肌に溶け込んでくれる！

しっかりカバーしてくれるのに自然に仕上がる不思議なパウダー

プチプラだけど、しっかりと保湿感を感じられる！

粉質がしっとりしていて、肌表面がつやっとするようなパウダー

しっとりした粉質が特徴のフェイスパウダー、色によって違う肌質も楽しめる

THREE

2位 アドバンスドエシリアル スムースオペレーター ルースパウダー 01 スムースマット

頬に触れた瞬間、指先がはっとするほどすべらかな肌を叶えるルースパウダー。表情にパウダリーな印象を残さずに、しっとりして均一な質感が完成。弾力のある「バウンシングパウダー」が軽やかに肌にフィットして、かげりのない明るさを長時間キープ。¥6,050

キャンメイク

3位 マシュマロフィニッシュパウダー [ML] マットライトオークル

ベタつきもテカリもサラリとかわして、思わず触りたくなるようなふんわり美肌に！毛穴や色ムラを綺麗にカバーしてくれるのに、厚塗り感なしでナチュラルな仕上がり。まるでやわらかマシュマロみたいな白肌美肌で、甘顔完成。¥1,034 ※パッケージ順次リニューアル中

SUQQU

2位 オイル リッチ グロウ ルース パウダー

パウダーとは思えない、濡れたような艶としっとり感。美容オイル成分高配合の、かつてない質感のルースパウダー。ヌーディな肌色をキープしながら繊細な艶を与える、スキニーオレンジパールを配合。さらに、大中小のサイズの違うパールも配合。¥6,600

キャンメイク

3位 シルキールースモイストパウダー [01] シルキーベージュ

素肌綺麗見え！シルク肌仕上がり。乾燥による化粧崩れを防ぐ保湿ルースパウダー。27種の美容液成分配合（うち3種は、お月引き締め成分）。塗った瞬間、まるでシルクのヴェールをまとったようなサラサラ肌に。単品使用時、石けんでオフOK。SPF23・PA++ ¥968

029

コンシーラー編

リキッドとパレット、大きく分けて2つのタイプ別に
おすすめのコンシーラーを紹介していくよ！

「リキッド」部門

みずみずしい使用感で使いやすい
リキッドタイプのコンシーラーを厳選。

1位 FORENCOS
タトゥーウォータープルーフ
スカーコンシーラー

肌にピタッと密着、水や汗にも滲みにくい優れたカバー力のコンシーラー。チップタイプなので、塗りやすい。気になるお悩みをきれいにカバーします。よれにくく速乾なので、のせたらすぐ塗り伸ばすのがポイント。全3色 ¥1,650（編集部調べ）

「パレット」部門

肌色や悩みに合わせて色を混ぜて使える
パレットタイプのコンシーラー。

1位 コスメデコルテ
トーンパーフェクティング パレット
00 ライト

美しい艶を纏いながら、肌悩みを自然にカバーするコンシーラーパレット。00は明度の高い肌にも絶妙になじむ、コーラルピンクをアクセントにしたライトカラー。なめらかな質感で肌にしっとり溶けこみ、1アイテムでパーフェクトにカバーしてくれる。¥4,950

とにかく密着力が過去1番いい！本当にピタッとする！

滑らかなテクスチャーなので使いやすくて、幅広い肌悩みを解決してくれる

2in1のコンシーラーなので、用途によって使い分けられる！

コンシーラーとハイライトが一緒になって持ち運び便利。色々な肌悩みを解決可能

複数の色を混ぜ合わせて使うことによって、高いカバー力を実現！

コンシーラーとファンデーションの中間のようなアイテム。質感がなめらか

2位 NARS
ラディアントクリーミーコンシーラー
1241

クリーミーな質感は肌なじみが良く、気になる箇所を美しくカバー。立体感、ハイライト効果を演出したり、肌の色ムラをカバーしたり、マルチに活躍するコンシーラー。ナチュラルで輝きのある仕上がりをもたらしてくれる。¥4,510

3位 TIRTIR
MASK FIT ALL-COVER DUAL CONCEALLER
01 NATURAL

スティックとリキッドのデュアルタイプのコンシーラー。まるで本来の肌のように密着してカバーしてくれるアイテム。スティックは、目のクマ、くすみ等の広い範囲のカバーに、リキッドは、シミ・そばかす等の気になる細かい部分のカバーに。¥1,815

2位 WHOMEE
フーミー キニシーラー
ライトグリーン

イガリ的肌作りの隠し技。パレットタイプの2色入りコンシーラー。肌の悩みに特化した、色と質感で肌悩みにアプローチできる。ライトグリーンは、気になる赤みをカバーして透明感を引き出すカラー。3やわらかなテクスチャーで肌になじみやすい。¥2,530(数量限定)

3位 &be
ファンシーラー
ライトベージュ&オレンジ

ファンデーションの伸びの良さと、コンシーラーのカバー力を兼ね備えた2色パレット。オレンジで目のクマ、ベージュでシミ・そばかす・ニキビ跡をしっかりカバーしてフローレスな艶肌に。SPF20・PA++
¥3,850

COLUMN
ありちゃんのコスメの愛で方

コスメを愛してやまないありちゃん。
コスメ好きならではの、愛で方を教えてもらったよ！

コスメを 📷 撮る

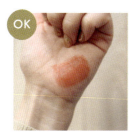
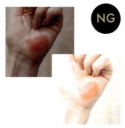

たくさんの人にそのコスメの良さを伝えるために欠かせないのは、コスメの写真を撮ること！　撮り方のコツは、太陽光の下で撮ること。夕方4時以降は撮影しない。シンプルに太陽光は色味が正確にしっかり出る。難点もあって、太陽の強さで色が変わったりもするから、素早く撮るように気をつけてるよ！　背景はシンプルにコスメにフォーカスがあたるように。ラメ感に関しては、輝度が伝わるからアップで撮ることが多い。あとパッケージ・スウォッチ・実際に塗った様子は、3点セットで必ず撮るようにしてる。リップはティッシュオフ時も撮影して、よりみんなの買う時の判断材料が多くなるように。

コスメを 👁 見る

たくさんのコスメが溢れていて、普段からコスメは見ているのだけど、やっぱりテンションの上がるリップは収納の中にしまわずに、リップ専用のケースに立てて置いてるよ。全色買うことが多いから、並べておくと圧巻♡　コスメってパッケージも素敵なものが多いから目で楽しめるのも良さの一つだよね！

CHAPTER 2

失敗しにくくなる!
コスメの買い方大全

毎日するメイクだけど、メイクの仕方やコスメの知識って
学校では教わらないもの。
実際私のメイクってあってる…? このワードの意味って…? と
みんなが不思議に思っていることや悩んでいることを
ありちゃんなりに解説♡

HOW TO BUY COSMETICS

\ ありちゃん的！ /

コスメカテゴリワード辞典

化粧下地
【Makeup Base】

意味 ベースメイクの土台となる商品。ファンデーションをつける前に塗ることで、メイク持ちや仕上がりの綺麗さをアップさせてくれるアイテム。最近では、化粧下地1本だけでも十分綺麗に仕上がる優秀な商品も多く販売されている。

ファンデーション
【Foundation】

意味 ニキビの赤み、毛穴、シミ、くすみなどの色ムラや肌トラブルをカバーし、肌を綺麗に見せてくれるアイテム。大気汚染や空気中のチリ、ほこりから肌を守ってくれる機能がついた商品も。

ハイライト
【Highlight】

意味 顔の立体感をUPさせたり、肌の質感にツヤをプラスするアイテム。パウダータイプ、クリームタイプなどタイプごとに使い分けると、仕上がりのバリエーションもより豊富に。

シェーディング
【Shading】

意味 顔の余白に影をいれて、立体感をアップさせるアイテム。目立たせたくない部分に影を入れることで、顔のメリハリをUPすることができる。

アイシャドウ
【Eye Shadow】

意味 目元に陰影をつけて、立体的に見せたり、目元を強調させたりするためのアイテム。カラーや質感、ラメ感などの組み合わせで、あらゆる印象をつくり出すことができる。

マスカラ
【Mascara】

意味 まつ毛に長さやボリューム感を出して、目元を強調させるためのアイテム。マスカラは、基本的にロングかボリュームの2展開。自分の目に、より合った仕上がりはどっちか選んでみよう。

HOW TO BUY COSMETICS

いつも耳にしている言葉だけど、
それぞれカテゴリ別のコスメの役割って一体、何？ と聞かれると、なかなか答えにくいもの。
改めておさらいしてみよう！

リップ
【Lip】

意味　唇に血色感を出すことで、より健康的で、活き活きとした仕上がりに見せるアイテム。リップの色を変えるだけで仕上がりの印象も大きく変わるので、一番手っ取り早く印象チェンジできるアイテム！

アイライナー
【Eyeliner】

意味　目の形を調整して印象を変えたり、強調させて目力を強く見せたりするためのアイテム。メイクの中では細かい部分だが、実は仕上がりの印象を大きく変えるキモとなる。

チーク
【Cheek】

意味　頬に血色感をプラスするためのアイテム。より健康的で、活き活きとした仕上がりに見せることができる。チークを顔のどこに入れるかや色などで印象を操作することが可能。

アイブロウ
【Eyebrow】

意味　眉毛を描き足すためのアイテム。人の印象を一番左右するのが眉毛。形を調整したり、毛が足りない部分を埋め足すことで、一気に垢抜けに近づける超重要なパーツとも言える。

フェイスパウダー
【Face Powder】

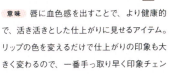

意味　ベースメイクの最後につける仕上げのお粉。化粧持ちをUPさせたり、毛穴の凹凸感のカバーや皮脂やテカリを防止する効果が。最近では、粉感の少ない保湿力の高いパウダーやツヤをプラスするすパウダーなど色々な種類がある。

コンシーラー
【Concealer】

意味　ファンデーションでは隠しきれなかった部分的な肌トラブルをカバーするためのアイテム。ファンデーションよりもカバー力が高く、密着力も高いものが多い傾向がある。

HOW TO BUY COSMETICS

\カテゴリ別/
自分に合ったコスメの選び方

あなたが欲しいのは、どんな「化粧下地」!?

まず下地にどんな機能を一番求めるかを決めよう！
1つの機能に特化している商品もあれば、全体バランスがいい商品もあるよ。
まずは、自分の肌やメイクの傾向についてチェックしてみよう。

❶〜❸それぞれチェック！

SELF CHECK

自分の肌に必要だと思う優先順位が高い機能や仕上がりを明確にすると、商品が選びやすくなるよ！

❶ 自分の肌トラブルの状況は？

カバーしたいものは… 　赤み　or　毛穴　or　くすみ

赤み を選んだ人は……

グリーンカラーの色味がついているもの／「ノーファンデ下地」のようなファンデくらい**カバー力に特化しているもの**がおすすめ！（例：TIRTIR／MASK FIT ESSENCE MINT）

RECOMMEND ITEM

毛穴 を選んだ人は……

毛穴の凹凸の細部までフィットしてくれる、**毛穴カバーに特化した商品**がおすすめ！（例：ByUR／セラムフィット シャイニング トーンアップクリーム）

RECOMMEND ITEM

くすみ を選んだ人は……

透明感があがる**ブルーやパープルの色味**or血色感があがる**ピンクの色味がついているもの**がおすすめ！（例：コスメデコルテ／サンシェルター マルチ プロテクション トーンアップCC 10）

RECOMMEND ITEM

HOW TO BUY COSMETICS

❷ あなたの肌質は？

乾燥しやすい　or　テカリやすい

乾燥しやすい を選んだ人は……

保湿成分が高配合されているもの。塗った後の肌質がしっとりするものがおすすめ！（例：乾燥さん／保湿力スキンケア下地）

テカリやすい を選んだ人は……

皮脂や油分を吸着してくれるものがおすすめ！（例：マキアージュ／ドラマティックスキンセンサーベース NEO）

立体感がでて、顔が活き活き健康的に見えるよ

❸ 仕上がりは？

艶のほうが好き　or　マットのほうが好き

隙のない綺麗な印象がつくれて、さらに崩れにくくもなるよ

艶のほうが好き を選んだ人は……

パールが高配合されているものがおすすめ！（例：ジルスチュアート／イルミネイティング セラムプライマー）

マットのほうが好き を選んだ人は……

パールが配合されていなくて、フラットな肌質に仕上がるものがおすすめ！（例：NARS／ソフトマットプライマー）

HOW TO BUY COSMETICS

あなたが欲しいのは、どんな「ファンデーション」!?

ファンデーションも下地と同じく、どの機能を優先したいのかで
どんなファンデーションがいいか絞ることができるよ。
さらにプラスして、テクスチャーの種類がいくつかあるので、
その観点でも自分の好みや相性がいいものを見つけるのがポイント。

❶~❷それぞれチェック!

SELF CHECK

自分の肌に必要だと思う優先順位が高い機能や仕上がりを明確にすると、商品が選びやすくなるよ!

❶ 機能で優先したいのは……?

カバー力　or　崩れにくさ　or　保湿力

カバー力 を選んだ人は……

しっかり肌に色がのってくれるファンデーションがおすすめ。(例:espoir／プロテーラー ビーベルベット カバークッション)

RECOMMEND ITEM

崩れにくさ を選んだ人は……

密着力が高いファンデーションがおすすめ。伸ばしていく過程で、ぴたりと吸い付くような感覚があると密着力が高い証拠!(例:コスメデコルテ／ゼンウェアフルイド)

RECOMMEND ITEM

保湿力 を選んだ人は……

塗り広げた後の肌質がしっとりするファンデーションがおすすめ。保湿成分や美容成分が高配合されているものに多い傾向あり!(例:ミシャ／グロウ クッション ライト＜ライトタイプ＞)

RECOMMEND ITEM

HOW TO BUY COSMETICS

❷ どれがいちばん好みの仕上がり……？

A. 密着力やカバー力が高く、肌トラブルをカバーできる仕上がり

or

B. 皮脂を吸着してくれてサラッと軽い仕上がり

or

C. テクなしで簡単に仕上げられ、みずみずしい仕上がり

or

D. 保湿力とカバー力に長け、こっくりリッチな仕上がり

A を選んだ人は……

リキッドファンデーションがおすすめ！ 密着力やカバー力が高いものや、しっかり肌トラブルをカバーできる仕上がりのものが多い。

B を選んだ人は……

パウダーファンデーションがおすすめ！ 皮脂を吸着してくれてサラッと仕上がる。マットな仕上がりが好きな人、軽い使用感が好きな人に。

C を選んだ人は……

クッションファンデーションがおすすめ！ リキッドよりもみずみずしさがUPする仕上がり。テクなしで簡単に仕上げたい人や、保湿力を求める人にもおすすめ。

D を選んだ人は……

クリームファンデーションがおすすめ！ 保湿感とカバー力が高いものが多く、こっくりリッチな肌質に仕上がる！

HOW TO BUY COSMETICS

あなたが欲しいのは、どんな「コンシーラー」!?

コンシーラーを選ぶ時は、形状での特徴を掴んだ上で、
自分の肌悩みに合ったカラーであるかを考えると選びやすくなるよ！

❶〜❷
それぞれ
チェック！

SELF CHECK

求める機能や自分の肌の状態を明確にすると、商品が選びやすくなるよ！

❶ 自分と相性が良さそうなのはどれ？

A. 肌になじみやすく、使いやすい。広範囲をカバー

or

B. カバー力が高め。スポットでしっかりカバーしたいところに使いたい

or

C. 色々な肌悩みに対応できるマルチアイテム

A を選んだ人は……

<u>リキッドタイプ</u>がおすすめ！なめらかなテクスチャーで、広範囲のカバーにも最適。肌にもなじみやすく万人が使いやすい。（例：NARS／ラディアントクリーミーコンシーラー）

RECOMMEND ITEM

B を選んだ人は……

<u>スティックタイプ</u>がおすすめ！テクスチャーが固めなので、カバー力が高い傾向がある。スポットでしっかりカバーしたいところ向け。（例：TIRTIR／ MASK FIT ALL-COVER DUAL CONCEALER）

RECOMMEND ITEM

C を選んだ人は……

<u>パレットタイプ</u>がおすすめ！複数のカラーを組み合わせることで、色々な肌悩みに対応。広範囲よりスポットカバーに向いている。（例：コスメデコルテ／トーンパーフェクティング パレット）

RECOMMEND ITEM

HOW TO BUY COSMETICS

❷ 肌悩みはどれ？

ニキビ　or　クマ　or　くすみ　or　シミ

ニキビ を選んだ人は……

ベージュ系のコンシーラーを選ぶと◎。赤みが強い場合はグリーン系もあり。

クマ を選んだ人は……

青クマ⇒ オレンジ系のコンシーラーを選ぶと◎。
茶クマ⇒ イエロー系・ベージュ系のコンシーラーを選ぶと◎。
黒クマ⇒ ピンク系のコンシーラーを選ぶと◎。

くすみ を選んだ人は……

オレンジ系のコンシーラーを選ぶと◎。

シミ を選んだ人は……

ベージュ系のコンシーラーを選ぶと◎。

☑ ONE POINT

コンシーラーを塗る順番は、使うファンデーションの形状によって変わってくるよ！リキッド、クッション、クリームタイプのファンデーションを使う場合は、化粧下地→ファンデーション→コンシーラーの順番がおすすめ。パウダータイプのファンデーションを使う場合は、化粧下地→コンシーラー→ファンデーション、の順番がおすすめ！

ありちゃん的
使ってよかったツールを
ご紹介！

アディクション／フィンガーコンシーラーブラシ

コンシーラーの境界線を綺麗にぼかせる。ブラシでつけることで指の油分がつかずに、よれにくい状態でピタッと密着してくれる。

041

HOW TO BUY COSMETICS

あなたが欲しいのは、どんな「フェイスパウダー」!?

フェイスパウダーを選ぶ時は、
どんな機能を優先したいのかをまず考えよう！
さまざまな形状から自分の好みや相性のいいものを
見つけていくと、アイテム選びがしやすい。

❶〜❷ それぞれチェック！

SELF CHECK

自分の肌に必要だと思う優先順位が高い機能や仕上がりを明確にすると、商品が選びやすくなるよ！

❶ 機能で優先したいのは？

カバー力　or　艶感　or　保湿力　or　崩れにくさ

カバー力 を選んだ人は……

ニキビなどの色素沈着系のカバー⇒ 色がついたフェイスパウダーはカバー力の高いものが多いのでおすすめ！(例：ミラノコレクション／フェースアップパウダー 2024)
毛穴などの凹凸系をカバー⇒ サラッとした片栗粉みたいなテクスチャーがおすすめ！
(例：INNISFREE／ポアブラー パウダー)

RECOMMEND ITEM

艶感 を選んだ人は……

パール配合されているフェイスパウダーを選ぶと◎(例：スック／オイル リッチ グロウ ルース パウダー)

RECOMMEND ITEM

保湿力 を選んだ人は……

保湿成分や美容成分が高配合のフェイスパウダーがおすすめ！ 粉を触るとしっとりなのも判断ポイント。(例：コスメデコルテ／フェイスパウダー)

RECOMMEND ITEM

崩れにくさ を選んだ人は……

皮脂テカリに特化したフェイスパウダーを選ぶと◎サラッとした使用感のものが多め。
(例：ジバンシイ／プリズム・リーブル)

RECOMMEND ITEM

❷ どっちが好みの仕上がり？

ふんわり　or　しっかり

ふんわり を選んだ人は……

ルースタイプのフェイスパウダーがおすすめ！お粉が固まっていない状態で入っているタイプ。お粉のふんわり感がそのままお肌につけられるので、柔らかい肌質に仕上げたい人に。(例：RMK ／エアリータッチ フィニッシングパウダー)

RECOMMEND ITEM

しっかり を選んだ人は……

プレストタイプのフェイスパウダーがおすすめ！お粉が固まった状態で入っているタイプ。しっかりお粉を取れるので、きっちりパウダーで仕上げたい人に。持ち運びにも◎ (例：NARS ／ソフトマット アドバンスト パーフェクティングパウダー)

RECOMMEND ITEM

☑ ONE POINT

フェイスパウダーをつける時は、パフまたはブラシなどのツールは必須。もともと付属品としてついているものが多いけど、使うツールを変えるだけで仕上がりの綺麗さは変わってくるよ。

ありちゃん的 使ってよかったパフやフェイスパウダーブラシをご紹介！

NARS ブロンザー／セッティングパウダーブラシ #14

しっかりとコシはあるけど顔につけてもチクチクせず、使いやすい。大きすぎず、小さすぎないサイズ感なのも嬉しい。チークやハイライトにも使える。

アディクション／パーフェクトラウンドブラシ

ツールを変えるだけで仕上がりがこんなに違うんだ！と感動したブラシ。お粉を均一に、そしてふわっと柔らかくお肌につけてくれる。つくしのようなフォルムが特徴。

ロージーローザ／マルチファンデパフ2P

パウダー、クッション、リキッド、クリームファンデーション全ファンデーションに対応したパフ。お安いのに全くチープさを感じさせないクオリティ！

HOW TO BUY COSMETICS

あなたが欲しいのは、どんな「ハイライト」!?

ハイライトを選ぶ時、タイプがいくつかあるので、
どれが自分と相性がいいかと仕上がりの輝度感のレベルの2点で考えると、
わかりやすくなるはず。

SELF CHECK

使い方や仕上がりのイメージを明確にすると、商品が選びやすくなるよ!

自分と相性が良さそうなのはどれ?

A. メイクの上からも使いやすい、テクなしで簡単に使える

or

B. 自分の肌から溢れ出るような艶と湿度感のある肌を作れる

or

C. B同様、自然な艶を作れて、調整がしやすく、持ち歩きもしやすい

A を選んだ人は……

パウダータイプのハイライトがおすすめ！ メイクの上からも使いやすく、テクなしで簡単に使える。パールの大きさも色々な種類があるので、好みの仕上がりで調整もしやすい。(例：M・A・C／ミネラライズ スキンフィニッシュ)

B を選んだ人は……

クリームタイプのハイライトがおすすめ！ 油分の多いアイテムが多く見られるので、肌に密着してじゅわっとした生っぽい艶を作ることができる。(例：THREE／シマリング グロー デュオ)

C を選んだ人は……

スティックタイプのハイライトがおすすめ！ こちらもB同様、自分の肌から溢れ出るような自然な艶を作れる。少量ずつつけられるので調整がしやすく、形状的に持ち歩きもしやすいのが特徴。(例：CHANEL／ボーム エサンシエル)

HOW TO BUY COSMETICS

あなたが欲しいのは、どんな「シェーディング」!?

シェーディングは形状や色にあまり種類がない分、選ぶ幅もあまりない。
自分の肌の色やメイク慣れの度合いで選ぶと◎。
それぞれ特徴を記載するので、チェックしてみてね。

❶〜❷
それぞれ
チェック！

SELF CHECK

シェーディングの使い方で向いているものを考えると選びやすくなるよ！

塗る場所

広範囲　or　部分的

広範囲 を選んだ人は……

パウダータイプのシェーディングがおすすめ！ 一番王道の形状。ふんわり色づくものが多いので、初心者の人はまずここから始めるのがおすすめ。（例：ヴィセ／シェード トリック）

RECOMMEND ITEM

部分的 を選んだ人は……

スティックタイプのシェーディングがおすすめ！ 部分づかいしたい人向き。また、外で簡単にパパッとお直しする時にも最適。（例：&be ／コントゥアペン）

RECOMMEND ITEM

☑ COLOR SELECT

自分の肌より少しだけ暗い色を選ぶのがベスト。フェイスラインに塗ってみて、見え方を確認してみよう！

HOW TO BUY COSMETICS

あなたが欲しいのは、どんな「アイシャドウ」!?

アイシャドウにはさまざまな形状があり、
さらにカラーや質感でも印象が大きく変わってくる。
まずは、どの形状なら自分がイメージしている仕上がりにできそうかなど考えてみよう!

SELF CHECK

使い方や仕上がりのイメージを明確にすると、商品が選びやすくなるよ!

どれが一番自分に合っていそう?

A. 一番テクなしで使いやすく初心者さん向け。
仕上がりの質感も幅広くチャレンジしやすい。

or

B. しっとりした質感で、肌に自然になじみやすい。
ナチュラルな艶も出せる。

or

C. さらっとしているが、
みずみずしい透け感を作り出せる。

or

D. 密着力が高く、塗りたい部分に
ピンポイントで使用できる。

HOW TO BUY COSMETICS

A を選んだ人は……

パウダータイプがおすすめ！ 仕上がりの質感もツヤ〜マットと幅広い。初心者さんにもおすすめ。(例：b idol／THE アイパレ R)

RECOMMEND ITEM

B を選んだ人は……

クリームタイプがおすすめ！ しっとりした質感で、肌に自然になじむものが多い。ナチュラルな艶が作り出せる。(例：エトヴォス／ミネラルアイバーム)

RECOMMEND ITEM

C を選んだ人は……

リキッドタイプがおすすめ！ サラッとしたテクスチャのものが多く、みずみずしい透け感のある仕上がりに。(例：フジコ／シェイクシャドウ SV)

RECOMMEND ITEM

D を選んだ人は……

スティックタイプがおすすめ！ 密着力が高いものが多く、塗りたい部分にピンポイントで使用できる。手を汚さずにすむのも◎(例：ウォンジョンヨ／ウォンジョンヨ　メタルシャワーペンシル)

RECOMMEND ITEM

☑ COLOR SELECT

また、カラー選びも大事♡ですが……カラー選びには正解がないので、自分の好きなカラーや、似合うカラーを選んでみよう。似合うカラーをまといたいけど、わからないよという人は、パーソナルカラー診断などをやってみるといいかも！ または、ブラウンがアイシャドウの王道カラーなので、悩んだらブラウンから始めるのも◎

047

HOW TO BUY COSMETICS

あなたが欲しいのは、どんな「マスカラ」!?

マスカラを選ぶポイントは、ズバリ、
仕上がりをロングタイプか、ボリュームタイプにするか。
または、落としやすさを選ぶかカールキープ力を選ぶか。
この２つで絞っていくとアイテム選びがしやすいかも！

SELF CHECK

仕上がりや、落としやすさとカールキープ力の優先順位を明確にすると、商品が選びやすくなるよ！

❶ どっちが好みの仕上がり……？

まつ毛1本1本が
スッと縦に長くなる
ような仕上がり

ナチュラルに目力をUPさせたい
or
しっかりと目力をUPさせたい

まつ毛1本1本が
横に太くなるような
仕上がり

ナチュラルに目力をUPさせたい を選んだ人は……

ロングタイプがおすすめ！ まつ毛1本1本がスッと縦に長くなるような仕上がりになる。(例：ピメル／パーフェクトロング＆カールマスカラ)

しっかりと目力をUPさせたい を選んだ人は……

ボリュームタイプがおすすめ！ まつ毛1本1本が横に太くなるような仕上がりになる。密度が上がって目力UP。(例：ヒロインメイク／ボリューム＆カールマスカラ アドバンストフィルム)

HOW TO BUY COSMETICS

❷ 機能で優先したいのは……？

落としやすさ

or

カールキープ力

落としやすさ を選んだ人は……

フィルムタイプなど**お湯で簡単に落とせる**タイプの**マスカラ**がおすすめ！カールキープ力は弱いけど、まつ毛の負担のことを考えたいならこっち。（例：オペラ／マイラッシュ アドバンスト）

RECOMMEND ITEM

カールキープ力 を選んだ人は……

ウォータープルーフタイプのマスカラがおすすめ！ しっかり夜までカールを維持してくれるものが多いけど、その代わり落とす時は専用リムーバーが必須。（例：エテュセ／アイエディション（マスカラベース）

RECOMMEND ITEM

❗ 最近は、カールキープ力があるけどお湯落ち可能！ と謳った商品も増えたけど、他のウォータープルーフマスカラと比較すると少しだけ落としやすいだけで、まつ毛に負担なく簡単に落とせる訳ではないので注意。

☑ **OTHER POINT**

その他にも、マスカラには「ブラシタイプ」か「コームタイプ」かという違いもあるよ！ブラシタイプはまつ毛にマスカラ液をたっぷり絡めやすいというメリットがあって、コームタイプはまつ毛をとかしながら繊細につくのでダマになりにくいよ。傾向としては、コームタイプはロングタイプのマスカラに多く、ボリュームタイプのマスカラはブラシタイプのものが多い印象！

HOW TO BUY COSMETICS

あなたが欲しいのは、どんな「リップ」!?

リップを選ぶポイントは、形状だけでなく、
カラーや質感、持ちの良さなど色々ある。
項目で分けてみたので、特徴を把握しておくと、
アイテム選びに役立つかも。

SELF CHECK

質感と、色持ちや落としやすさなどの優先順位を明確にすると選びやすくなるよ！

❶ 質感はどっちを選ぶ？

艶　or　マット

艶 を選んだ人は……

ほんのり艶っぽいものから、ツヤツヤぷるぷるに仕上がるものまである。シアーな発色〜ナチュラルな発色のものが多い。（例：DIOR ／ディオール アディクト リップ マキシマイザー）

RECOMMEND ITEM

マット を選んだ人は……

高発色・鮮やかでパキッと大人っぽい華やかな印象に仕上がるものから、パウダーのようなエアリーなふわふわ質感のものまである。（例：アディクション／ザ マット リップ リキッド）

RECOMMEND ITEM

050　CHAPTER 2　失敗しにくくなる！ コスメの買い方大全

HOW TO BUY COSMETICS

❷ どっちを重視する?

色持ち　or　唇負担の少なさ

色持ち を選んだ人は……

ティントがおすすめ！ 色持ちを重視したいのならば、ティントタイプのものを選ぶのがおすすめ。ただデメリットとしては、人によっては唇が荒れやすくなってしまったり、ものによっては色落ちが汚い、ムラになるものなどもあるので注意。(例：Laka ／フルーティーグラムティント)

唇負担の少なさ を選んだ人は……

落としやすいリップがおすすめ！ ティントのような唇を染め上げたりするリップを使うと、唇が荒れてしまう人も一定数いる。荒れてしまう原因は人によって様々なので一概には言えないけど、クレンジング不要で簡単に落とせるものや、保湿成分、美容成分が多く入ったものが◎ オーガニックブランドから出ているリップは、低刺激設計のものが多いのでチェックしてみるといいかも。(例：RMK ／リクイド リップカラー)

＼ 形状別 ／

スティックタイプ
1番王道なタイプ。発色がいいものが多く、種類も豊富。テクなしで簡単に仕上げられるのもポイント。(例：KATE ／リップモンスター)

リキッドタイプ
スティックタイプに艶が増したような使用感。乾燥が気になる人と相性がいい傾向も。(例：DIOR ／ルージュ ディオール フォーエヴァー リキッド)

グロスタイプ
色と同時に、艶感や透明感、保湿感を与えることができる。単品づかいだけでなく、重ねづかいすることも多い。(例：TIRTIR ／ MY GLOW LIP OIL)

クレヨンタイプ
ほどよい艶感に仕上がるものが多い。細かいところにピンポイントで塗りやすいものが多いのも特徴。(例：&be ／クレヨンリップ)

051

HOW TO BUY COSMETICS

あなたが欲しいのは、どんな「アイライナー」!?

アイライナーは、目元の印象や実用性などどれを優先したいかで形状を選ぶとわかりやすい。形状によって描きやすさも変わってくるので、自分に合ったアイテムを探してみて。

SELF CHECK

求めるアイラインの仕上がりを明確にすると、商品が選びやすくなるよ！

仕上がりで優先したいものはどれ？

A. 目力がしっかり出るくっきりしたアイラインを引きたい

or

B. 柔らかくナチュラルなアイラインを引きたい

or

C. 落ちにくいアイラインを引きたい

A を選んだ人は……

<u>リキッドタイプのアイライナー</u>がおすすめ。くっきりとしたラインを引くことができ、目力がしっかり出る。(例：ルミアグラス／スキルレスライナー)

B を選んだ人は……

<u>ペンシルタイプのアイライナー</u>がおすすめ。柔らかくナチュラルなラインを引くことができる。(例：デジャヴュ／ラスティンファインE 極細クリームペンシル)

C を選んだ人は……

<u>ジェルタイプのアイライナー</u>がおすすめ。するすると描きやすい描き心地で落ちにくいものが多い。(例：キャンメイク／クリーミータッチライナー)

☑ COLOR SELECT

色々なカラーがありますが、他同様、正解はないので、自分の好きなカラーや似合うカラーを選ぼう。基本はブラック、ブラウンが多いですが、目力を強調させたい場合はブラック、柔らかい印象に仕上げたい場合はブラウンがおすすめ。

HOW TO BUY COSMETICS

> あなたが欲しいのは、どんな「チーク」!?

チークを選ぶポイントは、形状で仕上がりや使いやすさが異なってくる。
項目で分けてみたので、特徴を把握しておくと、アイテム選びに役立つかも。

SELF CHECK

求める機能や自分の肌の状態を明確にすると、商品が選びやすくなるよ！

どれが一番好みの仕上がり?

A. ほわっとした仕上がり

or

B. 肌になじんだじゅわっとした仕上がり

or

C. 血色感のある仕上がり

A を選んだ人は……

パウダーチークがおすすめ！一番王道の形状タイプ。ふんわりとしたお粉を顔に纏うことができ、ほわっとした仕上がりになる。量やつけ方によって印象の調整もしやすい。(例:ローラ メルシエ／ブラッシュ カラー インフュージョン)

RECOMMEND ITEM

B を選んだ人は……

クリームチークがおすすめ！肌になじみやすく、また同時にツヤも出やすいのが特徴。(例：コスメデコルテ／パウダー ブラッシュ)

RECOMMEND ITEM

C を選んだ人は……

リキッドチークがおすすめ！肌になじみやすく、生まれつきの血色感のような仕上がりになる。比較的もちがいいのも特徴。(例：NARS／アフターグロー　リキッドブラッシュ)

RECOMMEND ITEM

☑ **COLOR SELECT**

色々なカラーがありますが、他同様、正解はないので、自分の好きなカラーや似合うカラーを選ぼう。

053

HOW TO BUY COSMETICS

あなたが欲しいのは、どんな「アイブロウ」!?

アイブロウは、形状で描き心地や使い勝手が大きく異なってくる。
また、印象を左右する仕上がりや自眉の特徴などでも選び方はさまざまなので、チェックしておこう!

SELF CHECK

今求めているものを明確にすると、商品が選びやすくなるよ!

あなたに近いのはどれ?

A. 自眉の毛が少なく、毛の隙間を埋めたい

or

B. 剛毛なので、ふんわり眉に仕上げたい

or

C. 眉の輪郭のラインを細かく調整したい

or

D. 眉毛にきちんと色をのせて変化を出したい

A を選んだ人は……

ペンシルタイプがおすすめ!毛流れを1本1本細かく描くことができる。部分的な毛の隙間を埋めることにも長けているので、自眉が少ない人にも◎(例:セザンヌ/超細芯アイブロウ)

B を選んだ人は……

パウダータイプがおすすめ!ふんわりとした印象に仕上がる。柔らかい印象が好きな人や、自眉がしっかりしている人に。(例:エクセル/カラーエディットパウダーブロウ)

C を選んだ人は……

リキッドタイプがおすすめ!眉尻の細かいライン調整や、眉の輪郭調整に最適な筆タイプ。こちらも比較的柔らかい発色のものが多いイメージ。(例:Celvoke/インディケイト アイブロウリキッド)

D を選んだ人は……

マスカラタイプがおすすめ!眉毛に色をつけることができる。また、眉毛に立体感が生まれるので、ワックス的な役割も。(例:エテュセ/アイエディション(ブロウマスカラ)EX)

HOW TO BUY COSMETICS

学校では教えてくれない！
ありちゃん的！ コスメ基礎知識

メイクやコスメについてって学校では教わらないけど、
気がついたら毎日やれているの、不思議じゃない？
なんとなくできるようになっているからこそ、正解がわからないという人も多いのでは。
たくさんのコスメを試してきたありちゃんが、経験で身につけたコスメに関する基礎をご紹介！

なんとなく使ってる、ありちゃん的「コスメ用語」解説

コスメ美容好きさんのあいだでは当たり前の用語だけど、実際の定義は曖昧……。
ありちゃんが考える用語の意味を一緒におさらいしてみよう！

"スウォッチ"って…？
色見本のこと。アイシャドウやリップなど、発色具合やカラーを確認するために使う。

"テクスチャー"って…？
質感や感触のこと。スキンケアなどでよく「サラっとしたテクスチャー」「こっくりしたテクスチャー」など、使用感を伝える時に使う。

テカリと艶の違い

できる場所の違いだと思っている！頬のトップにできる光は艶になるけど、小鼻の横、ほうれい線、おでこ、口周りなどにできる光はテカリっぽく見えちゃう。

× テカリ

◎ 艶

テクスチャーの違い

よくスキンケアで聞くテクスチャーを表す言葉。でも実際どんなテクスチャーなのか、ありちゃん的によく聞く「シャバシャバ」「なめらか」「こっくり」をイメージしたものを写真でご紹介！

シャバシャバ

まるで水みたいな状態のこと。

なめらか

するすると留まることなく伸ばせる状態のこと。

こっくり

濃厚なコクを感じる状態のこと。

HOW TO BUY COSMETICS

パール、ラメ、グリッターの違い

粒子の大きさの違いで、パール→ラメ→グリッターの順に粒感が大きくなっていくイメージ。パールは角度をつけた時に、チラッと輝く上品な仕上がり。グリッターは、角度をつけなくてもしっかりキラキラ感が伝わる華やかな仕上がり。

シアーとシマーの違い

シアーは透け感のこと。シマーは煌めきのこと。似てる言葉だけど意味は全然違うよ！

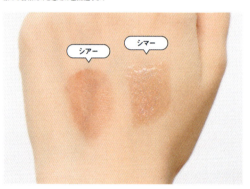

"粉落ち"って…?

アイシャドウを塗る時に、粉がまぶたから落ちて、ついてほしくないところについてしまうこと。しっとりした質感のアイシャドウを使うと、粉落ちしにくいよ！

透明感、素肌感、トーンアップの違い

透明感は、仕上がりの肌質が透き通ってるようなクリア感があること。素肌感は、厚塗り感がなく抜け感のある状態のこと。トーンアップは、地肌よりも肌色が明るくなっている状態のこと。

"肌が揺らぐ"って…?

肌の状態が日によって変化したり、一時的に肌が敏感になっている状態のこと。

BBとCCの違い

「BB」は、ブレミッシュバームの略。「CC」は、カラーコントロール、ケアコントロールの略。BBはカバー力があって肌悩みもカバーできて、CCはナチュラルに肌補正してくれるような仕上がり。

"パール一粒大"って…?

パール一粒大ってよくスキンケアアイテムの使用方法で聞くけど、実際どのくらいの量か気になる人が多いみたい。ありちゃん的に、明確な定義はないと思う……！ 小指の第一関節より少ないくらいの量をパール一粒大として出すことが多いかも。

"スキンケアが肌になじむ"って…?

肌の表面がべとっとする感じと、サラッとする感じの中間くらい。手で触るともっちりはしてるけど、ベタついてはいないくらいの感覚！

HOW TO BUY COSMETICS

> 今さら聞けない
> ありちゃん的
> # 「メイクTips」解説
> メイクのやりかたって人それぞれだけど、習ったこともないし、
> 実際どうやるのがいいの……?という悩みも。
> ありちゃん的メイクTipsを紹介するよ。

メイク直しができない日の おすすめベースメイクのテクは?

水を含んだスポンジを使うと、ベースメイクの密着力が高まって崩れにくくなるので、長時間メイク直しができない日などにおすすめ!

くすんでるってどんな状態?

顔が本来持つ明るさよりも暗く見えてしまっている状態のこと。

最適なカラーの合わせ方

アイシャドウ、チーク、リップ全て、使うカラーを統一させるとわかりやすい! もう少し色の幅を楽しみたい場合は、「黄みor青みのベースの色味だけは揃える」、「同じカラーでも発色で違いをつける」などでカラーを選ぶようにすると、失敗しないかも。

ファンデはどこまで塗るべき?

メインでしっかり塗りたいのは、第一印象で目がいきやすくて、肌荒れもしやすい顔の中心の三角ゾーンのみ。輪郭部分は、余ったファンデーションで軽くなじませるくらいでOK。全顔にガッツリ塗ってしまうと逆にのっぺりした印象になったり、顔が大きく見えたりしちゃうので注意!

ベースメイクを塗るのは 手? スポンジ?

化粧下地やファンデなどは、手で塗るとカバー力を落とさずにしっかり塗れて、スポンジだとムラなくなじんだ仕上がりになるよ! いつも指でつけた後に、全体的にスポンジでなじませるのがありちゃん流。

正しいスキンケアの順番

| 水っぽい | → | こっくり |

メーカー側が推奨している使い方を守るのがベストだけど、いろんなメーカーのアイテムを混ぜて使う場合は、テクスチャーが水っぽいものからこっくりしたものの順番でつけるのがおすすめ。

コンシーラーのぼかし方

隠したい箇所に少しのせ、コンシーラーをのせたところの境界線を、指やブラシ、スポンジなどでなじませていくと自然になじむ。

1. 隠したい箇所にのせる

2. 境界線をなじませる

057

HOW TO BUY COSMETICS

綺麗なビューラーの上げ方

根本→まつ毛の中間→まつ毛の先端と、段階を分けて細かく上げていくと綺麗にまつ毛が上がるよ！ あとはビューラーとの相性もあるので、自分の目元にフィットするものを見つけてみて。

根本　　　　　　まつ毛の中間　　　　　　まつ毛の先端

まつ毛をキワまで上げたい時

しっかり目尻や目頭のキワまで上げたい場合は、部分用のビューラーを使うのがおすすめ！

まつ毛はどのくらい上げるのが正解？

正解はないけど、上がり具合によって印象が変わるので好みやシーンに合わせて変えるのがおすすめ。柔らかいカールは優雅で落ち着いた印象、ガッツリカールは目力がでてぱっちり印象的な目元に。

柔らか

ガッツリ

下まつ毛の上手な塗り方

マスカラを縦にして塗るのがおすすめ。アイテムは、ブラシサイズが極細、もしくはメタルブラシのものだとより使いやすいよ！

極細

デジャヴュ ラッシュアップマスカラ ダークブラウン ¥1,320／デジャヴュ

メタルブラシ

メタルブラシマスカラ 01 ブラック 25g ¥1,650／MilleFée

まつ毛の隙間の埋め方

目尻を軽く引っ張って、半目の状態で1mmずつ細かく描いていくのがポイント！「線を描く」というより、「点を描いていく」ような気持ちで。リキッドよりも、ジェルやペンシルの方が先がぶれにくいのでおすすめ。

HOW TO BUY COSMETICS

まつ毛の束感ってどう作る？

マスカラを塗ったら、乾く前にピンセットで束感を作る！ 下地をベースに仕込んだほうが綺麗な束感を作りやすいよ！

▶ 下まつ毛

下まつ毛は、ピンセットにマスカラ液をつけて、つまむようにして束感を作るのがおすすめ。

まつ毛はどのくらいの間隔で束感を作るべき？

細い束感 ／ 太い束感

細い束感は、ナチュラルな印象のまま目力が出る仕上がりに。太い束感は、まつ毛の印象がしっかり上がってアイドルのようなクリッとした仕上がりに。好みによって選ぶべし！

眉毛を薄くする方法

色々なやり方があるけど、ピンセットで全体的に間引きするのがおすすめ。ただ、どこを間引きするかはコツがかなり必要。まずは、アイブロウサロンでプロの方に間引きしてもらうのがいいかも。メイクで薄くするのならば、明るめのアイブロウマスカラをふわっとつけてみて！

[SHOP INFO]

Une fleur 表参道店

📍 東京都渋谷区神宮前３－６－８
新井ビル２Ｆ（2023年10月現在）

「月1の頻度で訪れている、色んな芸能人やモデルさんが通っているアイブロウサロン！ 今時っぽいような垢抜け眉毛が簡単に作れます！」

部分用つけまつ毛のつけ方

部分用つけまつげの内側のみに接着剤をつける→自まつ毛の下から部分用つけまつげをつける。ピンセットに接着剤などがついちゃうとかなりつけにくくなるので注意！ 回数を重ねたら簡単につけれるようになるよ！
詳しくは、P77でつけ方を紹介しているので、チェックしてみてね。

マスカラがダマになった時の対処法

マスカラが乾く前に、コームでダマをオフする。また、細かく修正できるようなら、ピンセットなどでダマを取っちゃうのもおすすめ。

ラメ落ちしないラメのつけ方は？

まずは手元にのせて、しっかり指にラメをなじませてから、まぶたにつける！ 指にしっかりなじませるだけで、かなりラメ落ちしにくくなるのでおすすめ。

メイクの足し算、引き算の調整

「眉毛を濃くしたらアイシャドウは薄くする」、「アイシャドウを濃くしたらまつ毛は薄くする」など、パーツを上下で捉えた時に、濃→薄→濃→薄の順番を意識してみるのがおすすめ。

グリッターの塗り方

サラッとしたテクスチャのグリッターなら、そのまま直接まぶたの上で、量やグリッターのサイズ感を調整するのも◎。細かく調整したい人は、手の甲に一度出して、ピンセットでグリッターを選んでつけていくやり方もおすすめ。

HOW TO BUY COSMETICS

アイメイクが失敗した時の対処法

乳液を染み込ませた綿棒でオフするのがおすすめ。クレンジングがあらかじめ染み込んでいる綿棒も販売されているので、それを持っておくと便利かも！

モイスチャークリーム 75mL ¥3,245（編集部調べ）／アンブリオリス

RMK コットンスティック〈クレンジング〉30本入り ¥550／RMK Division

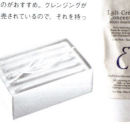

チークをつけすぎた時の解決法

パウダーの場合は何もついてない大きめのブラシで、払うように取る。リキッドやクリームの場合は、ファンデを少し染み込ませたスポンジでぽんぽんとぼかす。

難しいと思われがちな練りチークの入れ方

指で塗るのが難しいと感じる場合は、スポンジになじませて塗ってみると◎ 少量ずつほわっと色づいてくれるので、量の調整がしやすいよ！

バリュースポンジ N ハウス型タイプ S 30P ¥506／ロージーローザ

マスカラの綺麗な落とし方

STEP1. アイリムーバーをまつ毛全体に塗布
STEP2. 下に乾いたコットン、上からクレンジングを含ませたコットンでまつ毛を挟んで、数秒放置
STEP3. ゆっくり上のコットンで拭き取る

全部が綺麗に落ち切らなかったら、クレンジングを含ませた綿棒で細かくオフすると◎

スピーディーマスカラリムーバー 6.6mL ¥924（編集部調べ）／ヒロインメイク

涙袋の色選び

涙袋がない人やぷっくりした涙袋を作りたい人は、明るいカラー。おしゃれな感じに仕上げたい、中顔面短縮させたい人は、暗いカラーを選ぶのがおすすめ。

暗い　明るい

涙袋がなくてもつくれる？

涙袋がない人は、しっかり明るい色のコンシーラーやアイシャドウを下まぶたにのせて、涙袋をつくるのがおすすめ。ハイライト効果で、立体的に見えやすいよ！

▼ おすすめの明るい色のコンシーラー

CPコンシーラーペンシル 1.0 クリアベージュ 2.5g ¥990／the SAEM

パフのお手入れ方法、頻度

専用クリーナーや、中性洗剤で優しく洗い上げて、しっかり乾燥させる！一度使ったらこまめに洗うのがベストだけど、現実的に難しい場合は、使い捨ての安いスポンジを大量ストックしておくのも◎

スポンジ クリーナー EX 150mL ¥825／コーセーコスメニエンス

HOW TO BUY COSMETICS

崩れ方の違い

(毛穴落ち)　　(粉ふき)　　(ヨレ)

毛穴落ちは、毛穴にファンデーションと皮脂が混ざったものが詰まっている状態のこと。毛穴が白くポツポツして見えるよ。粉ふきは、肌表面がパサパサして白く粉をふいた状態のこと。ヨレは、ファンデーションが肌の上で動いてしまって、一部に溜まってしまったり、ムラになっている状態のこと。

最低限のメイク直しに必要な道具

- ☑ 持ち歩き美容液
- ☑ クレンジング付きの綿棒
- ☑ コンシーラーまたは下地不要ファンデ
- ☑ フェイスパウダー
- ☑ リップ
- ☑ アイシャドウ

アイシャドウにブラウンカラーが多いと、アイラインやアイブロウも併用可能！

▼ ありちゃん持ち歩きコスメ

ポアブラー パウダー 11g ¥1,980 / INNISFREE

ディオール アディクト リップ マキシマイザー 021 シマー タンジェリン ¥4,620 / ディオール

トーンパーフェクティング パレット 01 ライト ミディアム ¥4,950 / コスメデコルテ

プロアイパレット エア コーラルスタジオ ¥4,080 / クリオ

ベースメイクの崩れ方が綺麗ってどういう状態？

最低限、毛穴落ちしていない、ヨレていない、ファンデが溜まっていない・浮いていない状態のこと。時間が経つとどうしてもカバー力が弱まったり、テカリはでてくるけど、軽くテカリをオフしたり、上からファンデを軽く重ねるだけで回復できるベースメイクに仕上げられるといい！

外での日焼け止めの塗り直し方法

ミネラルUVパウダー SPF50 PA++++ 5g ¥3,300 / ETVOS

UVミスト50 SPF50+ PA++++ 40mL ¥1,320（編集部調べ）/ プライバシー

ミーファ フレグランスUVスプレー＜フレッシュマンデーモーニング＞ SPF50+ PA++++ 80g ¥1,320 / ナプラ

UV機能がついたフェイスパウダーを使うのがおすすめ。または、ミストタイプやスプレータイプの日焼け止めを使っても◎

外でのベースメイクの化粧直しの仕方

持ち運びのできる美容液などで、ヨレた部分をオフして、ティッシュなどで軽く抑えたあとに、下地不要のクッションファンデなどでお直しをすると綺麗に元通りに。

▼ 下地不要のファンデ

V3シャイニングファンデーション 15g ¥9,350 / SPICARE

▼ お直し用の日中用美容液

ハイドレーティング ジェル 20mL ¥3,300 / ポール & ジョー ボーテ

日中乾燥を感じる時の対処法

アベンヌ ウオーター 150g ¥1,650（編集部調べ）/ アベンヌ

ミストタイプの化粧水で水分を補給してあげて！ 乾燥して小じわなどが気になる場合は、持ち歩き用の美容液などを軽く上からつけてあげると◎

061

HOW TO BUY COSMETICS

コスメブランド分布 ミドル・プチプラ

お手頃で優秀なアイテムが揃うブランドがたくさん。各ブランドの特徴やこだわりをまとめたよ♡
手に入れやすいぶん、ぜひ色々なブランドのアイテムを試してみてね。

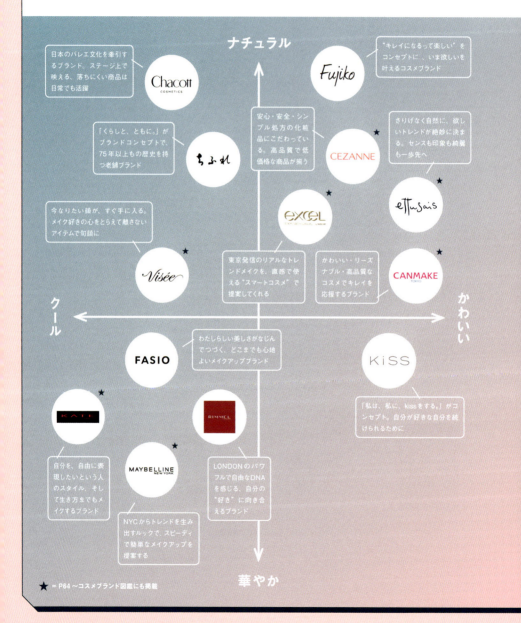

HOW TO BUY COSMETICS

コスメブランド分布　デパコス

高級感あふれる最上のアイテムが揃うブランドがたくさん。各ブランドの特徴やこだわりをまとめたよ♡
自分にぴったりな上質なものをゲットするための参考にしてみてね。

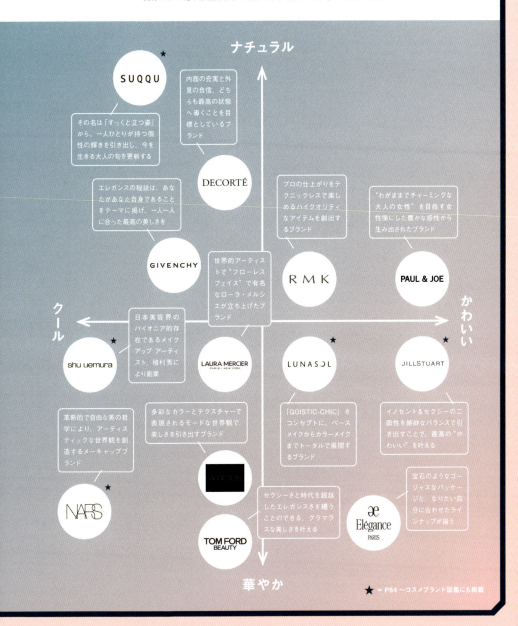

★ = P64 ～コスメブランド図鑑にも掲載

HOW TO BUY COSMETICS

コスメブランド図鑑

№ 1
INTEGRATE
[インテグレート]

誕生	2006
メーカー	資生堂

「まいにちにLovelyを♥」がブランドコンセプト。ハートをモチーフとしたパッケージも多く、プチプラなのに高品質な隠れた名品が多い。ドラッグストアでも展開があり。

ありちゃん's COMMENT
ドラッグストアでも買えるのに高クオリティのものばかり！ハートモチーフも可愛い♡

ありちゃんのお気に入りITEM
マツイクガールズラッシュ（おてんばカール）

№ 2
excel
[エクセル]

誕生	1987
メーカー	常盤薬品工業株式会社

「TOKYO RICH CASUAL」がブランドコンセプト。テクニックレスでも失敗しない王道商品から、遊び心溢れるときめき商品まで幅広く展開を揃えてくれる。

ありちゃん's COMMENT
万能カラーからおしゃれカラーまで全部揃ってる！コスメデビューにもオススメ！

ありちゃんのお気に入りITEM
スキニーリッチシャドウ

HOW TO BUY COSMETICS

コスメブランドたちを擬人化！
ありちゃんが考えるブランドのイメージを可愛い女の子にイラスト化してみたよ♡
それぞれ特徴やお気に入りポイントをご紹介！

№3
ettusais
[エテュセ]

誕生	1991
メーカー	資生堂

「カワイイけれどスグレモノ」がブランドコンセプト。メイクだけでなく、ファッションも併せてトータルビューティーを提案してくれるお洒落好きさんにおすすめのブランド。

ありちゃん's COMMENT
世界観がオシャレなプチプラコスメといえばエテュセ！パッケージがシンプルなのも◎

ありちゃんのお気に入りITEM
アイエディション(マスカラベース)

№4
CANMAKE
[キャンメイク]

誕生	1985
メーカー	井田ラボラトリーズ

「かわいく、たのしく、輝きたい！」がコンセプトのプチプラ王道ブランド。お手頃価格な商品ばかりだけど、しっかり実力派。

ありちゃん's COMMENT
プチプラの王道！圧倒的信頼感！お安いのに高クオリティのものばかり

ありちゃんのお気に入りITEM
ラスティングマルチアイベース WP

065

№5
KATE
[ケイト]

誕生	1997
メーカー	カネボウ化粧品

「NO MORE RULES.」がブランドスローガン。長い間多くの人に愛され続けている。商品の着眼点が秀逸なものが多く、攻めの姿勢を常に感じられるブランド。

ありちゃん's COMMENT
新商品はどれもSNSでバズリまくり！ 話題性のあるコスメが多数揃っているブランド

ありちゃんのお気に入りITEM
リップモンスター

№6
CEZANNE
[セザンヌ]

誕生	1964
メーカー	セザンヌ化粧品

「ずっと安心、ずっとキレイ」がブランドコンセプト。大人っぽい落ち着いたデザインが多く、スキンケアからベースメイク、メイクアップまで幅広い商品展開も特徴。

ありちゃん's COMMENT
大人っぽい落ち着いたデザインの王道プチプラブランド。場所を問わず使えるコスメならセザンヌ。

ありちゃんのお気に入りITEM
UVトーンアップベース

HOW TO BUY COSMETICS

№ 7
MAQuillAGE
[マキアージュ]

| 誕生 | 2005 |
| メーカー | 資生堂 |

プチプラコスメとデパコスの中間に位置するミドルブランド。仕上がり、世界観ともにラグジュアリーさも感じつつ、でも遠すぎない。少しだけ背伸びをしたい時に。

ありちゃん's COMMENT
プライベートはもちろんオフィスメイクでも使える！高級感あるパッケージも特徴の1つ

ありちゃんのお気に入りITEM
ドラマティックスキンセンサーベース NEO

№ 8
MAJOLICA MAJORCA
[マジョリカ マジョルカ]

| 誕生 | 2003 |
| メーカー | 資生堂 |

「マジョリカ マジョルカと"かわいい"を探す旅へ。」がブランドコンセプト。パッケージだけでなくカラー名まで世界観がちりばめられたブランド。特にアイメイクが人気。

ありちゃん's COMMENT
まるで御伽の国の世界に迷い込んだかのような世界観。持っているだけでときめく……！

ありちゃんのお気に入りITEM
ミルキーラッピングファンデ

HOW TO BUY COSMETICS

№ 9
MAYBELLINE NEW YORK
[メイベリン ニューヨーク]

| 誕生 | 1915 |
| メーカー | ロレアルグループ |

ニューヨーク発のトレンド発信ブランド。高発色で鮮やか、密着力が高い商品などが多く、テクなしでもバッチリと決まるようなメイクアップラインが揃っている。

ありちゃん's COMMENT
ひと塗りでバチッと決まるような華やかな商品が多い。気分を上げたい時に使いたくなるブランド！

ありちゃんのお気に入りITEM
ラッシュニスタ N

№ 10
Visée
[ヴィセ]

| 誕生 | 1994 |
| メーカー | コーセー |

コーセーが展開するブランドで、ワンランク上の大人の女性を目指すことをモットーに作られている。パッケージも仕上がりも、大人っぽく洗練された仕上がりで高見え。

ありちゃん's COMMENT
プチプラブランドなのにとにかく高見え！ 最近はSNSでバズって欠品続きの商品も多数

ありちゃんのお気に入りITEM
シェード トリック

HOW TO BUY COSMETICS

№ 11
Clé de Peau Beauté
[クレ・ド・ポー ボーテ]

誕生	1982
メーカー	資生堂

上質なクオリティが担保された信頼感のあるブランド。高級ラインだが、とにかくハズレがない。特に、クレドが作り出すベースメイクは、ツヤとハリ感が圧倒的！

ありちゃん's COMMENT
1つは持っていたい、女子の憧れブランド。1回使うだけで他との違いがわかるくらい、上質！

ありちゃんのお気に入りITEM
ル・レオスールデクラ

№ 12
shu uemura
[シュウ ウエムラ]

誕生	1967
メーカー	ロレアルグループ

アーティスティックでモードな世界観が特徴のブランド。直近のクリスマスコフレでは人気キャラクターとコラボするなど、攻めの姿勢とユニークさも兼ね備えている。

ありちゃん's COMMENT
独自の世界観を貫いているかっこいいブランド。ユニークさも兼ね備えていて、新商品が毎回楽しみ

ありちゃんのお気に入りITEM
アルティム 8∞ スブリム ビューティ クレンジング オイル n

HOW TO BUY COSMETICS

№ 13
JILL STUART
[ジルスチュアート]

誕生	1993
メーカー	コーセー

柔らかく甘めな世界観の中に、洗練さも感じるブランド。透明感を引き出す仕上がりのアイテムが多め。パッケージに定評があり、新作を出すたびに話題になっている。

ありちゃん's COMMENT
可愛らしくて、繊細。だけどどこか凛としているようなブランド。透明感をあげたい人にはこれ！

ありちゃんのお気に入り ITEM
ブルームクチュール アイズ　ジュエルドブーケ

№ 14
SUQQU
[スック]

誕生	2003
メーカー	エキップ

洗練された凛とした雰囲気を生み出すアイテムが揃うブランド。本質・本物へのこだわりがあり、自分にとって価値あるものを選択する、経験と感性あふれる大人をイメージ。

ありちゃん's COMMENT
しなやかで、洗練されたデパコスブランド。スックの粉は本当に上質。1度使えばわかる仕上がり！

ありちゃんのお気に入り ITEM
シグニチャー カラー アイズ

HOW TO BUY COSMETICS

№ 15
NARS
[ナーズ]

誕生	1994
メーカー	資生堂

「バーニーズ ニューヨーク」で、12色のリップスティックをコレクションとして発表したのが始まりのブランド。黒を基調としたパッケージが多く、都会的でスタイリッシュ。

ありちゃん's COMMENT
モードといえば、NARS！ オシャレで垢抜けた仕上がりを求める人におすすめ！

ありちゃんのお気に入りITEM
ピュアラディアントプロテクション
アクアティックグロー クッションファンデーション

№ 16
LUNASOL
[ルナソル]

誕生	1999
メーカー	カネボウ化粧品

「LUNASOL」はラテン語で「月と太陽」。上質な女を引き出すというコンセプトで、失敗しないアイテムばかり。職場でも使いやすいのでデパコスデビューにおすすめ。

ありちゃん's COMMENT
カラー展開、発色、質感どこをとっても失敗しにくい。デパコスデビューにもおすすめ。

ありちゃんのお気に入りITEM
アイカラーレーション

コスメの力を最大限引き出す♡
シーン別メイク

いろいろなメイクも試してきたありちゃん。
普段から真似できる「毎日メイク」から「デートメイク」、
絶対に崩さない「オフィスメイク」、
優秀プチプラだけを集結させた「高見えメイク」まで
全4つのメイクをご紹介。

ARICHAN MAKE 01

いつもかわいいって思われたい

"ベーシックに盛れる"を追求♡

毎日メイク

メイクを重ねてきてよりかわいく見える"盛れる"テクニックを突き詰めた！ただ盛り盛りにするんじゃなく、抜け感を出しながら盛れるメイクをご紹介。

CHAPTER 3　コスメの力を最大限引き出す♡ シーン別メイク

POINT

毛穴は、しっかり化粧下地で隠して、アラは秘密にする

みんな気になる開き毛穴は、優秀下地で隠してしまおう。ベースの段階でアラを隠す努力をすると、ファンデも厚く塗る必要がないので、おすすめ！

HOW TO MAKE UP

① 下地は毛穴撫子が優秀！
色々な下地を使ってきたけど、毛穴撫子の下地が超優秀！ひと塗りでファンデではカバーしきれない開き毛穴を隠しちゃおう！

② 塗る箇所は、毛穴が気になる頬と鼻、小鼻
特に毛穴が目立ちがちな、頬と鼻、小鼻の横に塗るようにしてるけど、自分の気になるところだけで大丈夫！

③ 指の腹で優しく塗る
指の腹の部分を使って、優しく摩擦が起こらないように注意して塗るのがポイント！たくさん塗りすぎないように薄く。

BASE MAKE UP ITEMS

a. 毛穴撫子 毛穴かくれんぼ下地 12g ¥1,925 / 毛穴撫子 b. MASK FIT TONE UP ESSENCE 30mL ¥2,970 / TIRTIR c. V3シャイニングファンデーション SPF37+++ ¥9,350 / SPICARE d. トーンパーフェクティング パレット 00 ¥4,950 / コスメデコルテ e. ポアブラー パウダー 11g ¥1,980 / INNISFREE

075

POINT

唇は、オーバーリップでぷっくり見せて、中顔面短縮も

チークを使って、ナチュラルにふわっと唇のボリュームをアップ。
リップでしっかりオーバーに塗るより失敗しにくくて、毎日でも簡単！

HOW TO MAKE UP

① 小さいブラシでチークをとる

オーバーリップにすると人中が短く見えるのでおすすめ！ 薄づきのコーラルピンクのチークと小回りの利く小さいブラシを準備。

② 境界線をぼかすように塗る

唇の山の上の境界線をぼかすように塗って、自分の唇より上唇を大きく見せる。薄づきのチークだからナチュラルに色づく程度。

③ リップを普通に塗って完成！

チークでオーバーにしたところには塗らず、本来の自分の唇の部分に、いつも通りリップを塗って完成！

COLOR MAKE UP ITEMS

a. フルーティーグラムティント 107 4.5g ¥1,980／Laka b. スタイリングアイゾーンコンパクト ¥4,620／ルナソル c. アイブロウカラー ピンクブラウン ¥880／デジャヴュ d. ミックスブラーリングボリュームブラッシャー 01 9.5g ¥1,990／ウェイクメイク e. アイブロウ スリム BR21 セット ¥4,180、カートリッジ ¥1,980、ホルダー ¥2,200／エレガンス f. シェード トリック 8.5g ¥1,760（編集部調べ）／ヴィセ

076

POINT

まつ毛命! 部分用つけまつ毛で目を大きく印象的に見せる

部分用つけまつ毛はほぼ毎日つけてるありちゃんマストアイテム。目尻にいくにつれてだんだん長くなるように長さを変えてつけてるよ!

HOW TO MAKE UP

① 部分用つけまつ毛をとる

まつ毛までが目と認識されるから、まつ毛も長く印象的に。部分用つけまつ毛は自分の好きな場所につけられて、毎日使ってる。

② カーブの上に接着剤を塗る

平たいピンセットなどでしっかりまつ毛の上部を掴んで取ったま、接着剤をカーブしている毛の根元、上側に塗る。

マスカラを塗って束感を作っておく。

③ まつ毛の根元にくっつくようにのせる

自まつ毛の下から、接着剤をつけた部分と自まつ毛の根元をくっつける。つけたらスッと引いて乾くまで動かさないように。

EYE MAKE UP ITEMS

a. ザ アイシャドウ パレット003 6.5g ¥6,820／アディクション b. ラストオートジェルアイライナー 13 ¥850（編集部調べ）／BBIA c. ディーアップ クイックエクステンション 03 ¥1,540／D-UP d. パーフェクトロング＆カールマスカラ 透け感ブラック ¥1,100／ピメル

077

ARICHAN MAKE 02

一緒にいたいって思われたら成功

愛らしさと幸福感でいっぱい♡

デートメイク

艶を仕込んで色っぽさを取り入れながら、ピンクで愛くるしい雰囲気を演出。
一緒にいて幸せそうに見える、とっておきのメイクをご紹介。

POINT

艶をたっぷり仕込んで、うるちゅる肌を作る

艶をたっぷり仕込むことで、光まで味方につけて、ナチュラルに美肌見せを叶える。
ハイライトではなく、よりナチュラルに艶を出すには下地で仕込むのが吉！

HOW TO MAKE UP

1 艶々になる下地を仕込む

ジルスチュアートのイルミネイティング セラムプライマー 02は、艶々になって透明感が爆誕する下地！ベースに仕込んで。

2 立体的に見せたいところにのせる

毛穴が目立つ鼻などは避けて、立体的に見せたいところにだけ塗るのがポイント！頬骨など高い位置を中心に。

3 内側から外に広げるように塗り広げる

最初に塗ったところが一番多く塗布するから、内側から外に広げるようにするのを意識して、外側には塗りすぎないように。

BASE MAKE UP ITEMS

a. イルミネイティング セラムプライマー 02 30mL ¥3,520／ジルスチュアート b. フローレス ルミエール ラディアンス パーフェクティング トーンアップ クッション FAIR ROSE SPF50 PA++++ レフィル13g ¥5,720、ケース ¥1,650／ローラ メルシエ c. タトゥーウォータープルーフスカーコンシーラー 01 ライトベージュ 3g ¥1,650／FORENCOS d. ラ プードル オートニュアンス I 8.8g ¥11,000／エレガンス

079

POINT
ピンクのアイシャドウを使いこなして、今っぽ愛され顔になる

腫れぼったくなりがちなピンクも、使い方次第で一気に今っぽい愛され顔に。縦に塗るのではなく横に塗り、抜け感もプラスして。

HOW TO MAKE UP

① アイシャドウベースで発色UP
アイシャドウの下地を塗って、たくさん重ねなくても発色UP。ヨレにくくもなって、一石二鳥♡

② 塗る時は一気に塗らない!
アイシャドウを取ったら、一度手に落として色を調整すると、つけすぎを防げる。取って塗るを繰り返すのがおすすめ。

③ 出すのは縦幅ではなく、"横幅"
縦に広げると腫れぼったく見えるので、目尻が濃くなるように、横に塗り広げる。毛足の長い筆を横向きに持って塗ると◎

EYE MAKE UP ITEMS

a. ラスティングマルチアイベース WP 02 クリームイエロー 8g ¥550／キャンメイク b. ブルームクチュール アイズ ジュエルドブーケ 01 cymbidium cameo 6g ¥6,380／ジルスチュアート c. アンダーアイライナー ピンクパール ¥1,320／&be d. アイバッグコンシーラー [02] ピンクベージュ ¥715／キャンメイク e. マルチアイブロウパウダー ブーケットブラウン ¥1,980／WHOMEE

POINT
アイライナーは透けカラーを選んで、さりげなく

アイラインは、目元の印象を左右する重要な工程。
透け感があるカラーを選んで、柔らかい印象を作るのがおすすめ。

HOW TO MAKE UP

① 通常のブラウンより"薄い"ブラウンをチョイス

肌の色が見えるくらい、透け感のあるブラウンカラー。比べてみると透け感がわかるはず！

② 少し垂れ目を意識してアイラインを引く

透け感のあるカラーを選んで少し目尻を下げるようにアイラインを引く。やりすぎ感が出ないように長さや角度に注意！

③ 通常のアイライナーより柔らかい仕上がりに

左は透け感アイライナーを使用、右は通常のブラウンライナーを使用。比べてみると左の方が柔らかく見える。

COLOR MAKE UP ITEMS

a. ディオール アディクト リップ マキシマイザー 021シマー タンジェリン ¥4,620／ディオール b. ディオール アディクト リップ マキシマイザー 038 ローズ ヌード ¥4,620／ディオール c. 3wayスリム シェードライナー 02 アッシュブラウン ¥770／キャンメイク d. パーフェクトロング＆カールマスカラ 透け感ブラウン ¥1,100／ピメル e. フラッターブラッシャー 04 モーヴノート ¥1,590／mude f. ル レオスールデクラ 21 Daybreak Shimmer ¥9,350／クレ・ド・ポー ボーテ

ARICHAN MAKE

03

自立した意志のあるかっこよさを

仕事ができる感を漂わせる

オフィスメイク

一日中あくせく働いても、崩れにくい実用的なテクニックを盛り込みつつ、
キリッと仕事のできる女を演出♡ フォーマルな場所にも使える！

POINT

セミマットな肌をつくって、崩れにくく仕上げる

皮脂吸着系の下地や、密着度の高いベースアイテムを選んで、崩れない肌づくりを徹底する。崩れを気にしない余裕が持てるよ！

HOW TO MAKE UP

1 皮脂テカリ防止の下地を塗る

まんべんなく、皮脂テカリ防止の下地を顔全体に塗る。特に皮脂やテカリが目立つなと感じる部分は塗りそびれがないように。

2 ファンデはパフでなじませる

密着力の高いファンデを選んで、崩したくない部分や肌トラブルのある部分にだけ手でのせ、乾いたスポンジでなじませていく。

3 密着力の高いリキッドチークを使う

リキッドチークを少量のせ、スポンジでぽんぽんと塗り広げる。頬の高いところにそわせてのせると大人っぽい印象に。

4 フェイスパウダーでしっかりヨレ防止

フェイスパウダーは細かい粉質のサラサラしたものを選び、パフで三角ゾーンを中心に塗る。優しくおさえるように。

BASE MAKE UP ITEMS

a.

b.

c.

d.

a.ドラマティックスキンセンサーベース NEO ヌーディーベージュ SPF50+ PA++++ 25mL ¥2,970／マキアージュ b.ゼン ウェア フルイド SPF25 PA++ 30mL ¥6,600／コスメデコルテ c.レ ベージュ オー ドゥ ブラッシュ 15mL ウォーム ピンク ¥7,700（編集部調べ）／シャネル d.アドバンスドエシリアルスムースオペレーター ルースパウダー 01 スムースマット ¥6,050／THREE

POINT

眉毛の毛流れを強調して、かっこいい印象に

眉を眉頭から中心にかけて立たせてあげると、一気に眉毛が整い、モードでいきいきとした印象になる。

HOW TO MAKE UP

1 スクリューブラシで毛流れを整える

眉頭を立ち上げるようにして、髪の毛を梳かすように、眉毛をスクリューブラシを使って梳かしていく。

2 アイブロウペンシルで毛を足す

アイブロウペンシルを使って、足りない毛を足していく。下から上に向かってスッと描くと、生えているような毛が描ける。

3 アイブロウマスカラで色を足す

毛の1本1本が際立つように、アイブロウマスカラを塗る。レンガ色のような赤みのあるカラーなどの色でも◎

COLOR MAKE UP ITEMS

a. リップベルベティスト LV06 ¥1,760／エクセル b. アイエディション（ブロウマスカラ）EX 02. アッシュピンク ¥1,430／エテュセ c. 超細芯アイブロウ 03 ナチュラルブラウン ¥550／セザンヌ d. シグニチャー カラー アイズ 02 陽香色 ¥7,700／SUQQU e. Skill-less Liner 07. スモアグレージュ ¥1,650／ルミアグラス

POINT
まつ毛の向きを外向きにして、キリッとした目元に

目尻に向かって長く見えるようにまつ毛をつくると、
少し目尻がキュッと上がって、クールで大人っぽい印象に。

HOW TO MAKE UP

① カーラーをしながら手で外向きへまつ毛を流す

カーラーで上まつ毛をはさみ、指で目尻側に流しながら、まつ毛を上げていく。まつ毛の毛先が目尻に向かって向くイメージ。

② マスカラ下地でキープ力UP

1でつくったまつ毛の毛流れをキープするために、マスカラ下地を使用。まつ毛の上がり具合の持ちも変わる!

③ マスカラもまつ毛の向きに沿って塗る

2でキープした外向きのまつ毛。マスカラもその向きに沿って、塗るとよりFIXされて、綺麗なまつ毛が仕上がる。

EYE MAKE UP ITEMS

a. パーフェクトカールロックベース ¥1,100／ピメル b. パーフェクトロング&カールマスカラ 透け感ブラック ¥1,100／ピメル c. アイプチ® ひとえ・奥ぶたえ用カーラー ¥1,650／イミュ

a.　　b.　　c.

085

ARICHAN MAKE 04

ぜ〜んぶプチプラだなんて信じられない

全て2,000円以下のコスメで完成！

高見えメイク

プチプラでも優秀なアイテムがたくさん♡
より高見えするためにはどんなプチプラコスメをどう使いこなせばいいかをご紹介。

POINT

ほんのりカラー眉が
プチプラで叶う!

ほんのり眉毛に色を入れると一気に垢抜ける。
メイク上級者に見えるけど、実は優秀アイテムはプチプラにあり!?

HOW TO MAKE UP

① 全体の眉毛の輪郭を整える

おすすめなのがエクセルのアイブロウパレット! 全体を基本的なブラウンカラーで描く。

② 自分に似合うカラーを仕上げにふんわり

アイテムd.は、パーソナルカラー別のカラーが入っているので、それを眉毛の輪郭を仕上げた後ふんわり全体にのせる。

BASE&COLOR MAKE UP ITEMS

a. ミルキーラッピングファンデ 00 ピンクベージュ SPF30 PA+++ 30g ¥1,540／マジョリカ マジョルカ　b. UVトーンアップベース SPF50+ PA++++ 30g ¥748／セザンヌ　c. シルキールースモイストパウダー [01] シルキーベージュ SPF23 PA++ ¥968／キャンメイク　d. カラーエディットパウダーブロウ EP01（スプリングモカ）¥1,210／エクセル

a.　　　b.　　　c.　　　d.

POINT
プチプラだけど
粉っぽくないパールで高見え!

ラメは一見お値段が透けて見えてしまうようにも感じるけど、
粉っぽくないパールラメを選ぶようにすると失敗知らず。

HOW TO MAKE UP

① まぶたの立体感はパールのアイシャドウをチョイス

アイホール全体に立体感があると高見えする! ギラギラだったり、薄すぎたりするラメアイテムより、断然パール派。

② 粉っぽいと安見えするから注意

スウォッチを見るとパールの艶がすごく綺麗♡ 多色でかつ、細かいラメ感があるアイシャドウを選ぶと、高級感アップ!

他のおすすめアイシャドウ

セザンヌ
ベージュトーンアイシャドウ
¥748

フーミー
シングルラメシャドウ
¥1,430

キャンメイク
シティライトアイズ
¥638

EYE MAKE UP ITEMS

a.

b.

c. d.

a. THEアイパレR 01 本命のブラウン 8g ¥1,980／b idol b.3wayスリムシェードライナー 02 アッシュブラウン ¥770／キャンメイク c. シャドーカスタマイズ BE286 ゴージャス姉妹 ¥550／マジョリカ マジョルカ d. クリーミータッチライナー【02】ミディアムブラウン ¥715／キャンメイク

POINT

輝度の高いハイライトを選んで、顔にリッチな艶を

輝きの強い、艶感の強いハイライトを選んで、きちんと顔全体に立体感を出すことで、上品で艶っぽいメイクが完成する！

HOW TO MAKE UP

① ハイライトをのせる位置

顔の立体感をより強調できるように、高く見せたい部分にハイライトを仕込んで。ありちゃんは、眉間・目頭・鼻・頬骨に。

② おすすめはセザンヌのハイライト

輝度が高いセザンヌのパールグロウハイライトは、本当に優秀！艶々になって、立体感を出したいところにしっかり出る。

③ ブラシを使ってさらっと塗る

ブラシなどを使って、①の位置に塗っていく。顔の中心に艶があると全体が健康的で美しく見えるのだそう！

EYE MAKE UP ITEMS

a.

b.

c.

d.

a. ラブシルクブラッシュ 705 ¥1,980／Laka b.耐久カールマスカラ 01 ブラック ¥638／セザンヌ c. ニュアンスラップティント 04 無花果ベージュ 2.8g ¥1,408／Fujiko d.パールグロウハイライト 2.4g 01 シャンパンベージュ ¥660／セザンヌ

089

ジャンル別
王道コスメ図鑑

ずっと長きに渡って愛されるコスメたちには、
愛される理由がある！
これを持っていれば間違いなしの王道コスメたちをまとめてみたよ。
ありちゃんが考えるアイテムの特徴付きなので、
自分に合ったアイテムを探してみてね。

王道コスメ図鑑
★★★

化粧下地

デパコス編

同じブランドから優秀アイテムが多数登場！
よりお悩み解決に秀でたアイテムが名品になっている傾向に。

※50音順に掲載しています

RMK
RMK スムースフィット ポアレスベース

全4色 35g 01 SPF4 PA+ /
02 SPF5 PA+ /03・04 SPF6 PA+
¥4,180

気になる毛穴やニキビ跡などのさまざまな凹凸にあわせて、変幻自在に形を変えるパウダーを配合。薄膜ヴェールで覆われたような仕上がり。

> 毛穴を隠すのではなく見えなくする下地。薄膜で軽い使用感

- ツヤ / マット
- 保湿 / カバー力
- トーンUP / 崩れにくい

YSL
ラディアント タッチ ブラープライマー

全1色 30mL
¥7,810

肌をマットに均一に整え、光と艶を与える2つを両立。べたつかず心地のよいムースのようにエアリーなジェルテクスチャー。

> 肌トラブルが均一にぼやける！ムースのようなテクスチャー

- ツヤ / マット
- 保湿 / カバー力
- トーンUP / 崩れにくい

KANEBO
ヴェイル オブ デイ

全1種 40g SPF50 PA+++
¥5,500

乾燥を防ぎ、紫外線から守る、ウォーターサプライUV美容液。みずみずしいテクスチャーで肌ストレスのない気持ちのよいつけ心地。

> 驚くほどに軽い使用感。日焼け止め効果◎て乾燥もしない

- ツヤ / マット
- 保湿 / カバー力
- トーンUP / 崩れにくい

クレ・ド・ポー ボーテ
ヴォワールコレクチュールn

全1種 40g SPF25 PA++
¥7,150

肌表面の乱れとくすみを瞬時に補正し、美しい素肌のようにきめ細かくワントーン明るい肌に仕上げる化粧下地。

> 肌負担ない使用感なのに、肌がすごく高見えする下地

- ツヤ / マット
- 保湿 / カバー力
- トーンUP / 崩れにくい

*メラニンの生成を抑え、シミ・そばかすを防ぐ。(4-メトキシサリチル酸カリウム塩)。

クレドポーボーテ
ヴォワールルミヌ
(医薬部外品)
全1種 30mL SPF38 PA+++
¥7,150

紫外線や乾燥などのダメージから肌を守り、抜けるように明るく澄んだ肌へと仕上げる美白化粧下地。美白有効成分4MSK*配合。

> メイクしながら同時にスキンケア効果もある逸材！

- ツヤ
- 保湿
- トーンUP

コスメデコルテ
サンシェルター マルチ プロテクション トーンアップCC
全3色 35g SPF50+ PA++++
¥3,300

ナチュラルなカバー効果で透明感あふれる素肌美を演出しながら、素肌をケアし、ツヤとうるおいに満ちた肌に導く日やけ止め乳液。

> とにかくハイカバー。そして透明感の底上げも完璧！

- ツヤ
- 保湿
- カバー力
- トーンUP

コスメデコルテ
フローレススキン グロウライザー
30g SPF20 PA++
¥4,950

なめらかな美しさを叶える、艶仕込みプライマー。光を操り、毛穴・色ムラ・くすみまであらゆる肌悩みを均一にカバーしてくれる。

> 素肌感を残しながらも肌を整えてくれる下地

- ツヤ
- 保湿
- カバー力
- トーンUP
- 崩れにくい

コスメデコルテ
ロージー グロウライザー
30mL SPF20 PA++
¥3,520

美容液のようにみずみずしくうるおい、内側から発光するような艶肌に。やわらかなピンクのベースに多彩な色のパールを配合。

> パーンと肌が輝く下地。塗るだけで立体感も手に入る

- ツヤ
- 保湿
- カバー力
- トーンUP

シュウ ウエムラ
アンリミテッド ブロック：ブースター
全4色 30mL SPF50+ PA+++
¥5,500

ラスティング、プロテクション、つけ心地、全てハイレベル。色ムラ・凹凸によるくすみや、キメの粗さなどを一掃*。

> くすみやキメの粗さをナチュラルにカバーできる下地

- ツヤ
- 保湿
- カバー力
- トーンUP
- 崩れにくい

*視覚的効果による

ジルスチュアート
イルミネイティング セラムプライマー
全4色 30mL SPF20 PA++
¥3,520

パールの輝きと果実のうるおいでととのえる美容液下地。肌にうっすらとベールをかけたような凹凸のない美しい仕上がり。

> たっぷりパール配合されている王道の艶系下地！

- ツヤ
- 保湿
- カバー力
- トーンUP
- 崩れにくい

PRIMER

王道コスメ図鑑
★★★

化粧下地

デパコス編

ディオール
スノー メイクアップ ベース UV35

全2色 30mL SPF35 PA+++
¥6,820（編集部調べ）

エーデルワイスがもつブライトニング効果と保護効果が凝縮し、クリスタルピグメントも配合。肌になじむ心地よいテクスチャーがポイント。

> くすみが飛んで、透き通るような白肌に仕上がる下地

`ツヤ` `マット`
`保湿` `カバー力`
`トーンUP` `崩れにくい`

ディオール
ディオールスキン フォーエヴァー グロウ ヴェール

全1色 30mL SPF20 PA++
¥7,150（編集部調べ）

崩れにくい艶肌を仕込むグロウ プライマー。美容液のようなテクスチャーが人気のアイテム。極薄ヴェールでぴたりと肌に密着する。

> 美容成分たっぷり。保湿に強い化粧下地の王道ライン

`ツヤ` `マット`
`保湿` `カバー力`
`トーンUP` `崩れにくい`

---

to/one
ベース ルミネッセンス

全1色 30mL SPF22 PA++
¥3,520

美容液成分97%配合でみずみずしく伸びる。ほのかなラベンダーピンクの薄膜でくすみを払い、透明感と水艶感をゲット。

> 薄膜で、質感とパール両方からツヤを仕込める美容液下地

`ツヤ` `マット`
`保湿` `カバー力`
`トーンUP` `崩れにくい`

NARS
スムース&プロテクトプライマー

全1色 30mL SPF50 PA++++
¥5,170

UVA/UVBから肌を守りながら、毛穴やしわなど肌の凹凸を目立たなくし、肌をなめらかに整えるメーキャッププライマー。

> 凹凸をなめらかに整えてくれるサラッとした使用感の下地

`ツヤ` `マット`
`保湿` `カバー力`
`トーンUP` `崩れにくい`

NARS
ソフトマットプライマー

全1色 30mL
¥5,170

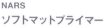

瞬時にマットな仕上がりになる下地。肌の凹凸を整え、ファンデーションのノリをよくし、テカリを抑え、美しい仕上がりが続く。

> 皮脂やテカリを防止し、均一なマット肌に仕上がる下地

- ツヤ / マット
- 保湿 / カバー力
- トーンUP / 崩れにくい

ポール & ジョー ボーテ
プロテクティング ファンデーション プライマー

全2色 30mL SPF50+ PA++++
各¥3,850

国内最高レベルのUVカット効果で紫外線から肌を徹底防御しながら、美容液のように心地よいみずみずしさと透明感のある仕上がりに。

> しっかりカバーしつつ自然なツヤ感。紫外線対策もバッチリ

- ツヤ / マット
- 保湿 / カバー力
- トーンUP / 崩れにくい

ポール & ジョー ボーテ
モイスチュアライジング ファンデーション プライマー

全3色 30mL SPF15 PA+(03は除く)
各¥3,850

美容液成分約90%配合で、まるで美容液でラッピングしているかのような濃密なうるおい感。ピタッと密着し美しい仕上がりが持続。

> しっとりしていてカバー力◎。デパコスデビューにおすすめ

- ツヤ / マット
- 保湿 / カバー力
- トーンUP / 崩れにくい

M・A・C
ストロボクリーム

全4色 50mL
¥5,720

肌の内側から発光するような、活き活きとした輝きと明るい透明感を与える保湿クリーム兼ファンデーションプライマー。

> とにかくツヤ感がでる! 保湿クリームとしても使える下地

- ツヤ / マット
- 保湿 / カバー力
- トーンUP / 崩れにくい

ランコム
UV エクスペール トーン アップ ローズ

全1色 SPF50+ PA++++
30mL ¥6,930
50mL ¥8,800

紫外線、空気中の微粒子*、乾燥などから素肌の透明感を守り、美しい仕上がりが1本で叶う、血色感アップのピンクのUV下地。

> 最高レベルの紫外線カット効果&血色感とトーンアップ

- ツヤ / マット
- 保湿 / カバー力
- トーンUP / 崩れにくい

*大気中の微粒子(すべての大気中物質をさすわけではありません)

ローラ メルシエ
ピュア キャンバス プライマー ブラーリング

全1色 50mL
¥5,610

テカリと毛穴をカバーしてくれる、オイルコントロール至上主義プライマー。ベースの仕上がりとカラーメイクのキープ力を格上げ。

> 余分な皮脂を吸着してくれる、テカリ防止系下地!

- ツヤ / マット
- 保湿 / カバー力
- トーンUP / 崩れにくい

王道コスメ図鑑

化粧下地
ミドル・プチプラ編

韓国コスメなどもラインナップに仲間入り。
お値段以上の機能性を持ち合わせたユニークなアイテムがたくさん。

※50音順に掲載しています

&be
UVプライマー

全1色 36g SPF50+ PA++++
¥2,750

艶肌補正&日焼け止め&美容液の3役がそろった万能化粧下地。肌にみずみずしい透明感を与える微細パールを高配合。

なめらかでつるんとした肌に仕上がる。保湿効果も抜群！

ツヤ / マット / 保湿 / カバー力 / トーンUP / 崩れにくい

ウォンジョンヨ
トーンアップベース

全2色 25g SPF44 PA+++
¥1,430

華やかなアイドル肌になれる、化粧下地。塗った瞬間、パンッと明るくトーンアップし、なめらかで透明感のある肌になれる。

カバー力が高いプチプラ下地！マット好きさんにおすすめ

ツヤ / マット / 保湿 / カバー力 / トーンUP / 崩れにくい

エテュセ
フェイスエディション(スキンベース) フォードライスキン

全1色 35g SPF25 PA++
¥1,980

毛穴・色ムラをカバーし、明るい透明肌に仕上げるトーンアップ化粧下地。毛穴の凹凸の影を光で飛ばし目立たなくさせる。

毛穴をふさがない処方。薄膜のまま皮脂テカリをブロック！

ツヤ / マット / 保湿 / カバー力 / トーンUP / 崩れにくい

エトヴォス
ミネラルインナートリートメントベース

全3色 25mL SPF31 PA+++
¥4,950

素肌に溶け込むスキンケアベース。高いスキンケア効果は乾燥小じわを目立たなく(※効能評価試験済)させる。

自然なツヤ感で、素肌感を残しつつも美肌印象に。

ツヤ / マット / 保湿 / カバー力 / トーンUP / 崩れにくい

096　CHAPTER 4　ジャンル別　王道コスメ図鑑

オルビス
オルビスユー トリートメントプライマー

全1色 30g SPF50 PA+++
¥1,760

スキンケアのように肌にすっとなじんでテカリ・くずれのない美肌に仕上げる化粧下地。肌に負担感なく、心地よく使用可能。

> 日中のメイク中もずっと美肌へのアプローチができる

`ツヤ` `マット`
`保湿` `カバー力`
`トーンUP` `崩れにくい`

乾燥さん
保湿力スキンケア下地

全2色 30g SPF37 PA+++
¥1,430

洗顔後、これ1つで化粧水・美容液・乳液・クリーム・UVカット・化粧下地まで。みずみずしく、日中のカサつきを抑えてくれる。

> 乾燥肌のために作られた保湿特化のブランド！

`ツヤ` `マット`
`保湿` `カバー力`
`トーンUP` `崩れにくい`

キス
マットシフォン UVホワイトニングベースN

全2色 37g SPF26 PA++
¥1,760

テカリ・化粧くずれを抑える化粧下地。美白有効成分プラセンタエキス配合。メラニンの生成を抑えてシミ・ソバカスを防ぐ。

> テカリ防止系の中では、サラサラ感が控えめで使いやすい

`ツヤ` `マット`
`保湿` `カバー力`
`トーンUP` `崩れにくい`

コーセーコスメニエンス
メイク キープ プライマー

全1色 25g
¥1,320（編集部調べ）

汗・皮脂・動きに強い化粧膜を形成して、サラサラ肌をキープ。タッチプルーフ成分配合でマスクへのメイク移りをしっかり防ぐ。

> 水みたいなテクスチャーで、余分な皮脂を吸収！

`ツヤ` `マット`
`保湿` `カバー力`
`トーンUP` `崩れにくい`

セザンヌ
皮脂テカリ防止下地

全3色 30mL SPF28 PA++
¥660

皮脂吸着パウダー配合で、メイク崩れの原因となる皮脂を抱え込んで広げない下地。長時間化粧もちが続く。

> 皮脂テカリを防止しつつ、カラーコントロール効果も◎

`ツヤ` `マット`
`保湿` `カバー力`
`トーンUP` `崩れにくい`

チャコット
ラスティングベース【550 ナチュラル】

全2色 42g SPF50+ PA+++
¥1,760

すばやく角質層に浸透。1本でふっくらとハリのある肌に整え、肌コンディションを底上げしメイクくずれも防ぐ。

> カバー力優秀なのに崩れにくい！乾燥肌さんにもおすすめ

`ツヤ` `マット`
`保湿` `カバー力`
`トーンUP` `崩れにくい`

王道コスメ図鑑
★★★

化粧下地

ミドル・プチプラ編

TIRTIR
MASK FIT TONE UP ESSENCE

全3色 30mL SPF30 PA++
¥2,970

しっとりした水分とメイクアップによるトーンアップが期待できる、化粧下地。インナードライや乾燥肌さんにおすすめ。

> スキンケアのような使い心地で、ファンデいらずな仕上がり

なめらか本舗
サナ　なめらか本舗　スキンケアUV下地

全1色 50g SPF40 PA+++
¥1,100

スキンケア生まれの肌を守る、UV下地。肌色補正効果で色ムラ等をカバーし余分な皮脂を吸着。洗顔後、これ1つでもOK。

> これ1本で化粧水、美容液、UVカット、下地などが叶う

ナンバーズイン
3番 ノーファンデ陶器肌トーンアップクリーム

全1色 50mL SPF50+ PA++++
¥2,310

厚いファンデの代わりに半透明なブラートーンアップで、美肌演出ができるUVケア兼用トーンアップクリーム。

> ナチュラルなカバー力で、陶器肌のような自然な仕上がり

ByUR
セラムフィット シャイニング トーンアップクリーム

全1色 40g SPF28 PA++
¥3,190

あこがれ無垢美肌になれるトーンアップ下地。軽やかに伸びて、とろけるように素肌になじむ心地よさ。

> 毛穴管理に特化した人気の韓国ブランド！

ファシオ
エアリーステイ オイルブロッカー

全1色 30g SPF50+ PA++++
¥1,100（編集部調べ）

テカリと毛穴をカバーしてくれる、オイルコントロール至上主義プライマー。ベースの仕上がりとカラーメイクのキープ力を格上げ。

> 皮脂が発生しても化粧膜がくずれない処方がされている下地

ツヤ **マット**
保湿 カバー力
トーンUP **崩れにくい**

プリマヴィスタ
スキンプロテクトベース＜皮脂くずれ防止＞

25mL SPF20 PA++
¥3,080（編集部調べ）

強力な紫外線から素肌を守る、くずれにくいトーンアップ下地。Wプロテクト処方で皮脂だけでなく、汗によるくずれを防ぐ。

> とにかくサラサラになる！真夏の暑い時季に特におすすめ

ツヤ **マット**
保湿 カバー力
トーンUP **崩れにくい**

マキアージュ
ドラマティックスキンセンサーベース NEO

全2色 25mL
¥2,970

テカリ・カサつきをダブルで防ぎ、スキンケアまで叶う毛穴レス崩れ防止下地。皮脂・水分量をコントロール。

> どんなファンデとも相性がよく、季節問わず使える万能下地

ツヤ **マット**
保湿 カバー力
トーンUP **崩れにくい**

ミノン アミノモイスト
ブライトアップベース UV

全1色 25g SPF47 PA+++
¥1,760（編集部調べ）

紫外線吸収剤を使わないノンケミカルタイプ。紫外線、乾燥などから肌を守る化粧下地。肌色を美しく、自然な明るさに補整。

> 肌が敏感な時も使える。ナチュラルカバーされるのも嬉しい

ツヤ マット
保湿 カバー力
トーンUP 崩れにくい

メイベリン ニューヨーク
フィットミー プライマー

全1色 30mL SPF20
¥1,639

しっとりうるおってぴたっと肌に密着し、崩れにくい。ジェル状のテクスチャーが均一に広がり、気になる毛穴も自然にカバー。

> とにかく密着する下地！どんなファンデでも崩れにくくなる

ツヤ **マット**
保湿 カバー力
トーンUP **崩れにくい**

ラ ロッシュ ポゼ
UVイデア XL プロテクショントーンアップ

全3種 30mL SPF50+ PA++++
¥3,960

光を乱反射し肌を綺麗に魅せるトーンアップUV。紫外線はもちろん、外的要因から肌を守る。石けんでも落とすことが可能。

> 肌がゆらいでる時でも使いやすく、パッと顔色が明るくなる

ツヤ マット
保湿 カバー力
トーンUP 崩れにくい

ファンデーション・コンシーラー

王道コスメ図鑑

デパコス編

細かく自分の好みの肌仕上がりを探すなら
やっぱり優秀品が勢揃いのデパコスから探すのが吉◎。

※50音順に掲載しています

アディクション
ザ ファンデーション リフトグロウ

全11色 30mL SPF20 PA++
¥6,600

まるでハイライトのように、高い部分に光を集めてリフレクトさせ、リフトアップしたような洗練のメリハリを作るファンデーション。

絶妙な密着感で、塗り広げやすいのに崩れにくい。

`ツヤ` `マット`
`保湿` `カバー力`
`ナチュラル` `崩れにくい`

イプサ
リキッド ファウンデイション e

全6色 25mL SPF25 PA++
¥4,950

みずみずしい美容液のような心地よさで肌と一体化し「素肌感を超える」リキッドファンデーション。

サラッとした仕上がりなのに、ほのかにツヤ感が出る！

`ツヤ` `マット`
`保湿` `カバー力`
`ナチュラル` `崩れにくい`

YSL
ラディアント タッチ グロウパクト

全6色 SPF50+ PA++++
¥9,900

内側から輝かせる "光" のエキスパート、YSL最新メッシュ構造のクッションファンデーション。

高カバーで、ツヤ感もかなりしっかり出る仕上がり！

`ツヤ` `マット` `保湿`
`カバー力` `ナチュラル` `崩れにくい`

エスティ ローダー
ダブル ウェア ステイ イン プレイス メークアップ

全22色 30mL SPF10 PA++
¥7,150

肌にサラリとなめらかにのびて、つけたところにピタッとフィット。セミマットで長時間綺麗な肌を保つ。

ハイカバーで持ち◎。しっかり肌カバーしたい人におすすめ

`ツヤ` `マット`
`保湿` `カバー力`
`ナチュラル` `崩れにくい`

KANEBO
コンフォートスキン　ウェア

全8色 30mL ソフトアイボリー AA、
オークルE：SPF20 PA++／オークル
A、オークルD：SPF26 PA++
¥6,930

心地よい仕上がりが続く美容液ファ
ンデーション。ひと塗りで、きめ細
やかでふんわりと明るい艶肌に。

下地、コンシーラー、パウダー
不要のファンデ。柔らかい肌質に。

クレ・ド・ポー ボーテ
タンクッションエクラ ルミヌ

全6色 15g SPF25 PA+++
¥11,000（セット価格）（レフィル：¥7,700、ケース：¥3,300）

ダイヤモンドの輝きに着目
し開発。みずみずしくうる
おい、重ねるほどにツヤ肌
を実現するファンデーショ
ン。

うるおい感が長時間続
くところがおすすめポ
イント！

コスメデコルテ
ゼン ウェア フルイド

全40色 30mL SPF25 PA++
¥6,600　※一部カラーは、SPF15・PA++

墨のようになめらかに伸び広がり、
薄膜なのに高いカバー力。自然で美
しい仕上がりが24時間持続。

密着力が高く、崩れにくいセミ
マット。脅威の40色展開

コスメデコルテ
トーンパーフェクティング パレット

全3色 SPF20 PA++
¥4,950

透明感の高い質感と色で、
素肌を引き立てるコンシー
ラーパレット。肌悩みに合
わせた異なる質感と色の4
色。

付属チップも種類が多
く、持ち歩きコスメに
もおすすめ！

SHISEIDO
エッセンス スキングロウ ファンデーション

全12色 30mL SPF30 PA+++
¥7,590

美容液処方によりスキンケア成分を
贅沢に。ナイアシンアミド配合。毛
穴の見えない明るくなめらかな肌に。

美容液がファンデを包み込む新
処方。素肌っぽい仕上がり

シュウ ウエムラ
アンリミテッド ラスティング フルイド

全20色 35mL SPF24 PA+++
¥6,930

ファンデーションを感じさせないほ
ど、薄くて軽いテクスチャー。皮脂、
汗に強く、時間が経っても崩れない。

約70%がスキンケアベースで作
られたソフトマットファンデ

ファンデーション・コンシーラー

王道コスメ図鑑
★★★

デパコス 編

シンピュルテ
アンビシャス ビューティーセラム ファンデーション

全2色 30g SPF50+ PA+++
¥6,800

どこまでも加湿する美肌錯覚ファンデーション。さっと塗るだけで丁寧に作り上げたかのような艶と仕上がり。

エイジングケア効果が期待されているヒトテエキス配合！

ツヤ　マット
保湿　カバー力
ナチュラル　崩れにくい

SUQQU
ザ リクイド ファンデーション

全23色 30mL
¥11,000

とろりとやわらかな艶の膜で肌を包み、自然にハイカバー。みずみずしく艶のある、大人のための高輝度肌に。

とにかく粉感がないファンデ。なめらかで素肌にしんわりなじむ

ツヤ　マット
保湿　カバー力
ナチュラル　崩れにくい

SPICARE
V3シャイニングファンデーション

全1色 15g SPF37 PA++
¥9,350 (編集部調べ)

ヒト臍帯血細胞順化培養液がコーティングされた針状成分が約3,000本配合された、新発想ファンデ。

コンシーラーいらずのカバー力で、重ねても厚塗り感が出ない！

ツヤ　マット　保湿
カバー力　ナチュラル　崩れにくい

ディオール
ディオールスキン フォーエヴァー スキン コレクト コンシーラー

全10色 11mL
¥5,390

肌悩みを消し去るハイレベルなカバーで、まるで素肌のように美しい仕上がり。ロングラスティング処方。

ファンデとしても使える！ 高いカバー力でなめらかな質感

ツヤ　マット
保湿　カバー力
ナチュラル　崩れにくい

102　CHAPTER 4　ジャンル別　王道コスメ図鑑

ディオール
ディオールスキン フォーエヴァー フルイド グロウ

全11色 30mL SPF20 PA+++
¥7,370（編集部調べ）

1日中つけたての色がくすまずに続く。内側からツヤとうるおいが溢れるような肌を叶えるファンデーション。

しっとりした質感で、保湿力抜群のファンデ！

- ツヤ
- マット
- 保湿
- カバー力
- ナチュラル
- 崩れにくい

NARS
ライトリフレクティング ファンデーション

全15色 30mL
¥6,930

瞬時に肌の気になる箇所をぼかしキメの整ったなめらかな肌に仕上げ、シミ・くすみ・赤みを目立たなくする。

つけている事を忘れてしまうほどの軽いつけ心地

- ツヤ
- マット
- 保湿
- カバー力
- ナチュラル
- 崩れにくい

ポール & ジョー ボーテ
シースルー ヴェール コンパクト

全2色 12g SPF25 PA++
各 ¥6,050（セット価格）

化粧下地・ファンデーションの機能にスキンケア効果を兼ね備えたオールインワン・クッションコンパクト。

まるで美容液をつけているかのような素肌仕上がりのファンデ

- ツヤ
- マット
- 保湿
- カバー力
- ナチュラル
- 崩れにくい

ボビイ ブラウン
インテンシブ セラム ファンデーション

全20色 30mL SPF40（PA++++）
¥9,350

肌そのものが内側から輝いて見える艶、ハリのある仕上がりになる濃密美容液ファンデーション。

美容液成分が配合された高保湿ファンデでハリ艶が続く！

- ツヤ
- マット
- 保湿
- カバー力
- ナチュラル
- 崩れにくい

ランコム
タンイドル ウルトラ ウェア リキッド

全13色 30mL SPF38 PA+++
¥7,590

崩れにくくマスクにもうつりにくい。化粧直しいらずで長く美しさが続く、カバー力の高いファンデーション。

密着力が高く、崩れにくいセミマットなファンデ

- ツヤ
- マット
- 保湿
- カバー力
- ナチュラル
- 崩れにくい

ローラ メルシエ
フローレス ルミエール ラディアンス パーフェクティング トーンアップ クッション

全2色 13g SPF50 PA++++
レフィル ¥5,720、ケース ¥1,650

素肌感とカバー力の両立を追求し、まるでファンデーションを塗っていないかと錯覚するほどの仕上がり。

自然な美肌に仕上げたい人におすすめ！

- ツヤ
- マット
- 保湿
- カバー力
- ナチュラル
- 崩れにくい

ファンデーション・コンシーラー

王道コスメ図鑑
★★★

ミドル・プチプラ編

ファンデーションやコンシーラーは、日々使うものだから、コスパ重視で選ぶなら、やっぱりミドル・プチプラ帯のアイテムが最強！

※50音順に掲載しています

&be
アンドビー　クッションファンデーション

全3色　12g　SPF24 PA+++
¥3,520

高いカバー力＆自然な仕上がり。厚ぼったさはなく、つるんとなめらかな陶器のような肌質を演出できる。

> 透明感のある艶肌を生み出すクッションファンデ！

`ツヤ`　`マット`　`保湿`
`カバー力`　`ナチュラル`　`崩れにくい`

ヴィセ
ヴィセ リシェ レッドトリック アイコンシーラー

全1色　1.7g
¥1,210（編集部調べ）

赤を忍ばせ、クマを隠す目元用コンシーラー。2ステップで徹底クマカバー。しっとりフィットして、よれにくい。

> 色補正のレッドとなしみベージュがセットになった！

`ツヤ`　`マット`　`保湿`
`カバー力`　`ナチュラル`　`崩れにくい`

ヴィセ
グロウバーム ファンデーション

全3色　15g　SPF15 PA++
¥1,980（編集部調べ）

エッセンス in バームが肌にとけこむようになじみ、薄膜にフィット。つるんと毛穴レスな美肌が続く。

> バーム特有のしっとり生ツヤ感に仕上がるファンデーション

`ツヤ`　`マット`　`保湿`
`カバー力`　`ナチュラル`　`崩れにくい`

ウォンジョンヨ
ウォンジョンヨ フィッティングクッション ラスティング

全3色　13g　SPF50+ PA+++
¥2,420

ひと塗りでさらさらナチュラル肌に仕上げるクッションファンデーション。サラッとしたセミマット肌に。

> サラッと仕上がるセミマットなクッションタイプ

`ツヤ`　`マット`　`保湿`
`カバー力`　`ナチュラル`　`崩れにくい`

espoir
プロテーラー ビーベルベット カバークッション
全4色 13g×2個 SPF34 PA++
¥3,190

厚塗り感なく肌にピタッと密着し、ふんわりさらさらな肌を演出するクッションファンデーション。

> 少量でもしっかりカバー！サラサラ×高カバーが特徴的

ツヤ / マット / 保湿 / カバー力 / ナチュラル / 崩れにくい

CLIO
キルカバーハイグロウクッション
全3色 14g SPF50+ PA+++
¥4,320

厚塗り感のないカバー力で肌悩みをしっかりカバー。どんな肌タイプにも艶めくうる艶肌に仕上がる。

> 立体感を与えメリハリのあるぷる艶肌に仕上がる！

ツヤ / マット / 保湿 / カバー力 / ナチュラル / 崩れにくい

the SAEM
CPチップコンシーラー
全3色 6.5g SPF28 PA++
¥858（編集部調べ）

すっと伸びて、肌にぴったり密着し、ヨレずに即カバー。カバー力抜群のリキッドタイプのコンシーラー。

> コンパクトサイズで持ち歩きやすい高密着なコンシーラー

ツヤ / マット / 保湿 / カバー力 / ナチュラル / 崩れにくい

CNP Laboratory
プロP INクッション
全2色 30g SPF50+ PA+++
¥3,960（本体+リフィル）

ミツバチの巣から見つけたプロポリス成分配合。肌に活気を与えながら隙間なくカバーするクッションファンデーション。

> 肌の保湿やツヤに効果があると言われるプロポリス成分配合

ツヤ / マット / 保湿 / カバー力 / ナチュラル / 崩れにくい

Javin De Seoul
Wink Foundation Pact
全6色 15g SPF50+ PA+++
¥3,080（編集部調べ）

角度を変えるとウインクするパッケージが特徴。軽いつけ心地なのに優れたカバー力のあるクッションタイプ。

> クッションタイプなのに崩れにくい！手軽なつけ心地も◎

ツヤ / マット / 保湿 / カバー力 / ナチュラル / 崩れにくい

JUNGSAEMMOOL
エッセンシャル スキン ヌーダー ロングウェア クッション
全4色 14g SPF50+ PA+++
¥5,830

きめ細かく密着し、長時間崩れずほどよい自然なツヤ肌に仕上がるクッションファンデーション。

> 皮脂と水分のバランスをとり、テカらず滑らかでさらさら肌に

ツヤ / マット / 保湿 / カバー力 / ナチュラル / 崩れにくい

FOUNDATION CONCEALER

★ 王道コスメ図鑑 ★

ファンデーション・コンシーラー

ミドル・プチプラ編

セザンヌ
クッションファンデーション

全3色 11g SPF50 PA++++
¥1,078

素肌にピタッと密着して艶感を演出しながら、毛穴や肌悩みをカバーするクッションファンデーション。

約1,000円で買える超プチプラ。保湿成分などとも配合♡

ツヤ　保湿　ナチュラル

TIRTIR
MASK FIT RED CUSHION

全14色 18g SPF38 PA+++
¥2,790

うるおい豊富でマスクの中でもハリツヤをキープ。均一で微細なパウダーが肌に密着してなめらかなツヤ肌に。

マスクにつきにくくておなじみのクッションファンデ！

ツヤ　ナチュラル　崩れにくい

ByUR
セラムフィット フルカバー グロークッション

全4色 15g SPF40 PA++
¥3,960

肌にうるおいが満ちるクッションファンデーション。まるで内側から光り輝くような透明感のあるツヤ肌に。

高カバーで高ツヤ仕上がりな韓国の王道クッションファンデ

ツヤ　マット　保湿　カバー力　ナチュラル　崩れにくい

hince
セカンドスキンメッシュマットクッション

全4色 12g SPF40 PA++
¥3,520

シルキー肌が続く新感覚メッシュ＆マットクッション。重ね塗りしても薄づきでなめらかなシルク肌へ。

シルキー肌が続く新感覚メッシュ＆マットなクッション

ツヤ　マット　カバー力　ナチュラル　崩れにくい

106　CHAPTER 4　ジャンル別　王道コスメ図鑑

マキアージュ
ドラマティックエッセンスリキッド

全5色 25mL SPF50+ PA++++
¥3,520

毛穴の奥までうるおいを届
けながら、フルカバーして、
時間が経ってもくずれない。
使うほど艶肌に。

> 毛穴レスがかなう美容
> 液ファンデ。つるんと
> した肌が叶う

`ツヤ` `マット` `保湿`
`カバー力` `ナチュラル` `崩れにくい`

マジョリカ マジョルカ
ミルキーラッピングファンデ

全3色 30g SPF30 PA+++
¥1,540

ひと塗りで肌悩みをカバー。透明感
がアップした"艶感ミルキー肌"へ。
厚塗り感なしで1日中くずれにくい。

> プチプラなのにデパコス級の綺
> 麗な艶肌に仕上がる

`ツヤ` `マット` `保湿`
`カバー力` `ナチュラル` `崩れにくい`

ミシャ
ミシャ グロウ クッション ライト ＜ライトタイプ＞

全2色 13g SPF37 PA+++
¥2,640

崩れに強い輝きが続く、水つ
やクッション。マスクプルー
フテスト済み処方で、汗・
ムレにも負けない。

> まるでスキンケアの後
> のような綺麗なツヤ肌
> に仕上がる！

`ツヤ` `マット` `保湿`
`カバー力` `ナチュラル` `崩れにくい`

メイベリン ニューヨーク
フィットミー リキッドファンデーション R

全13色 30mL SPF22
¥1,859

肌に溶け込むようになじんで、まるで
素肌のような仕上がり。テカらず皮
脂崩れ防止を実現。

> 高密着で崩れにくいリキッドファ
> ンデ。カラバリも豊富！

`ツヤ` `マット` `保湿`
`カバー力` `ナチュラル` `崩れにくい`

ラネージュ
ネオクッション マットN

全3色 15g SPF46 PA++
¥3,300

薄づきなのにハイカバー。
スキンケア成分も高配合。
マットタイプのクッション
ファンデーション。

> 暑さや湿気に強いセミ
> マットタイプのクッショ
> ンファンデ

`ツヤ` `マット` `保湿`
`カバー力` `ナチュラル` `崩れにくい`

レブロン
カラーステイ ロングウェア メイクアップ

全6色 30mL SPF15 PA++
¥2,200

くすみにくく、スキンケア効果をプラ
スした軽いつけ心地。ムラなく伸び
て肌悩みをしっかりカバー。

> 崩れにくい！ これは普通肌・混
> 合肌用で乾燥肌用との2展開

`ツヤ` `マット` `保湿`
`カバー力` `ナチュラル` `崩れにくい`

王道コスメ図鑑
★★★

フェイスパウダー
デパコス編

フェイスパウダーは粉質と密着度が命！ より繊細で細やかな粉質が叶う。また、デパコスらしい素敵なパケも必見♡

※50音順に掲載しています

RMK
RMK エアリータッチ フィニッシングパウダー
全3色 8.5g
¥4,950

ひと塗りで毛穴の凹凸をカバーし、澄んだ美肌をキープ。なりたい仕上がりで選べるカラーバリエーションが特徴。

> とにかく軽い！仕上がりの好みによって色を選べるのも嬉しい

`ツヤ` `マット` `保湿` `カバー力` `トーンUP` `崩れにくい`

イプサ
ルースパウダー 2
全1種 12g
¥5,500

肌タイプに応じて選べるルースパウダー。2はホホバオイルのオイルコーティング技術により艶仕上がりに。

> 肌触りはさらさらとしてベタつきがないのに自然なツヤへ

`ツヤ` `マット` `保湿` `カバー力` `トーンUP` `崩れにくい`

エレガンス
ラ プードル オートニュアンス
全6種 8.8g
¥11,000

美しい5色のベールカラーで上質な透明感へ。つるすべな肌の演出ができるリメイク用のフェイスパウダー。

> 高カバーなのにナチュラル美肌が叶うパウダー。持ち歩きにも

`ツヤ` `マット` `保湿` `カバー力` `トーンUP` `崩れにくい`

クレ・ド・ポー ボーテ
プードルトランスパラントn
全2色 26g
¥13,200

繊細なパウダーが溶け込むようにフィットし、上質な肌へ導くトリートメントフェイスパウダー。

> メイクアップとスキンケアが融合。艶タイプのパウダー

`ツヤ` `マット` `保湿` `カバー力` `トーンUP` `崩れにくい`

コスメデコルテ
AQ オーラ リフレクター

全3種 10g
¥11,000

6色のパウダーがまざり合うことで透明感・カバー力・リフトアップ印象など多彩なコントロール機能を演出。

> あらゆる肌悩みの解決が一気に叶うフェイスパウダー！

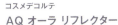

`ツヤ` `マット` `保湿`
`カバー力` `トーンUP` `崩れにくい`

コスメデコルテ
AQ ミリオリティ フェイスパウダー n

全1種 30g
¥22,000

一瞬で、気品あふれるキメ細やかでなめらかな肌へとみちびくフェイスパウダー。肌の美しさを最大限に。

> 美容成分をたっぷりと含んだ至高のルースパウダー！

`ツヤ` `マット` `保湿`
`カバー力` `トーンUP` `崩れにくい`

コスメデコルテ
フェイスパウダー

全6色 20g
¥5,500

極上のシルクのような軽くなめらかなタッチで、しっとり肌にとけこむようになじむフェイスパウダー。

> しっとり質感が特徴。赤ちゃんのような柔らかい肌に。

`ツヤ` `マット` `保湿`
`カバー力` `トーンUP` `崩れにくい`

ジバンシイ
プリズム・リーブル

全4色 12g
¥7,480

自然界にある光の魔法、プリズムを再現するように、計算しつくされた4色のハーモニーが美肌を叶える。

> 計算しつくされた4色を混ぜて使う新感覚パウダー。擦れにも強い

`ツヤ` `マット` `保湿`
`カバー力` `トーンUP` `崩れにくい`

シュウ ウエムラ
アンリミテッド mopo ルース パウダー

全1種 15g
¥6,380

薄いヴェールをつくる微粒子のパウダーが、軽やかにファンデーションを包み込みガード。

> 長時間サラサラなソフトマット肌を叶えてくれるルースパウダー

`ツヤ` `マット` `保湿`
`カバー力` `トーンUP` `崩れにくい`

ジルスチュアート
グロウインオイル ルースパウダー

全2色 15g
¥4,950

透明感と艶肌が叶うしっとり溶け込むようなタッチ。皮脂吸着球状パウダーでサラサラ状態を長時間キープ。

> 透明感とツヤ肌を叶えるフェイスパウダー！

`ツヤ` `マット` `保湿`
`カバー力` `トーンUP` `崩れにくい`

FACE POWDER

王道コスメ図鑑
★ ★ ★ ★

フェイスパウダー

デパコス 編

SUQQU
ザ ルース パウダー

全1色 20g
¥11,000

しっとりと、かつ軽やかさを追及した透き通るヴェールは、まるで薄羽衣。SUQQU史上最高峰のルースパウダー。

> 肌につけると透明感と血色感が自然とUP！高級感をまとえる

`ツヤ` `マット` `保湿`
`カバー力` `トーンUP` `崩れにくい`

THREE
アドバンスドエシリアルスムースオペレーター ルースパウダー

全2種 10g
¥6,050

どこまでもすべらかに、ポアレスな上質肌をキープ。すべらかな肌を叶えるルースパウダー。

> 肌につけた事を忘れるほどの仕上がり。しっとりして均一な質感

`ツヤ` `マット` `保湿`
`カバー力` `トーンUP` `崩れにくい`

ディオール
ディオールスキン フォーエヴァー クッション パウダー

全5色
¥8,580（編集部調べ）

水系成分を25%注ぎ込んだロングラスティングルースパウダー。肌を保湿しながら透明感のある仕上がり。

> パウダーなのにクッション。厚塗り感のないナチュラルな完璧肌に

`ツヤ` `マット` `保湿`
`カバー力` `トーンUP` `崩れにくい`

NARS
ライトリフレクティングセッティングパウダー プレスト N 5894

全1種 10g
¥5,830

自然な光沢感をもたらす軽いつけ心地のパウダーが、どんな光の下でも小じわや毛穴の目立たない美しい肌に。

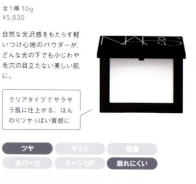

> クリアタイプでサラサラ肌に仕上がる。ほんのりツヤっぽい質感に

`ツヤ` `マット` `保湿`
`カバー力` `トーンUP` `崩れにくい`

NARS
ソフトマット アドバンスト パーフェクティングパウダー

全3色 9g
¥5,280

毛穴や肌のあらを目立たなくし、テカリを抑えるパウダー。ナイアシンアミド配合。

> 肌を瞬時になめらかにし、粉っぽさも感じさせない

ポーラ
B.A フィニッシングパウダー

全6色 16g
¥10,450

なめらかな肌への溶けなじみ感と、保湿感を両立。皮脂に触れてもくすみにくく透明感ある仕上がりをキープ。

> 内側から発光するような艶肌を演出するフィニッシングパウダー

ミラノコレクションGR
フェースアップパウダー 2024

全1種 30g
¥13,200（編集部調べ） ※数量限定

毎年異なるパッケージで発売される、人気のフェイスパウダー。くすみ感のない明るく透明感のある仕上がり。

> パッケージの可愛さと、高カバーが魅力！

メイクアップフォーエバー
ウルトラHDプレストパウダー

全2色 6.2g
¥5,280

より素肌に近い、透明感のある仕上がりを実現。色ムラの無い自然なツヤ感のあるセミマット肌に整える。

> 毛穴の凹凸をなめらかに整えてくれるクリアタイプのパウダー

ルナソル
エアリールーセントパウダー

全1色 15g
¥4,950

つややかな肌の表情を生かしながら、水ツヤ肌にもう一枚のヴェールを。薄膜ながらも均一感を演出。

> 上品できめ細かい肌に仕上げる薄膜のルースパウダー

ローラ メルシエ
トランスルーセント ルース セッティング パウダー トーンアップ ローズ

全1色 29g
¥5,720

持続力と軽いつけ心地で人気のルースセッティングパウダーからより透明感を引き立たせるタイプが登場。

> トーンアップし、白浮きせず、写真映えする肌に仕上がる

王道コスメ図鑑

フェイスパウダー

ミドル・プチプラ編

コスパよしなミドル・プチプラのフェイスパウダーは、
プラスαの機能を持ち合わせているアイテムもたくさん！

※50音順に掲載しています

＆be
薬用UVプレストパウダー【医薬部外品】
全1色 8.5g SPF50+ PA++++
¥3,080

美白ケア[1] シワ改善[2] を叶えながら、高いサンカット効果もあるフェイスパウダー。

日焼け止めの塗り直しとしても使える、なめらかな仕上がり

※1 メラニンの生成を抑え、しみ、そばかすを防ぐ　※2 皮膚の乾燥を防ぐ、シワを改善する

INNISFREE
ノーセバム ミネラルパウダー N
全1色 5g
¥899

超微粒子のパウダーで軽やかな付け心地。くすみ原因のひとつである余分な皮脂を吸着し肌をワントーン明るく。

テカリをおさえてサラサラ肌を演出する皮脂コントロールパウダー

ヴィセ
ヴィセ リシェ フォギーグロウ フィルター
全2色 7g
¥1,760（編集部調べ）

しっとりとした極薄ヴェールが肌にとけこみ、自然なツヤ肌に。皮脂による化粧くずれやテカリを防ぐ。

白浮きのない自然なふわツヤ肌を叶えるフェイスパウダー

VT COSMETICS
CICA ノーセバム マイルドパウダー
全1色 5g
¥750

皮脂をコントロールして、毛穴レスでテカらせない肌に。顔だけでなく、ヘアやボディにも使える万能ぶり。

敏感肌でも使えるマイルドな成分処方のさらさら系パウダー

ウォンジョンヨ
ウォンジョンヨ フィクシングブラーパウダー

全2色 10g
¥1,980

ふんわり質感の球状パウダーで毛穴や凹凸をカバーし、化粧崩れを防止。2種の美容液成分in。

> 毛穴や凹凸をカバーし、ふんわりとした肌質に仕上げるパウダー

ツヤ	マット	保湿
カバー力	トーンUP	崩れにくい

エクセル
ラスタリングシアーパウダー

全1色 10g
¥1,980

大きさの異なるパールを配合したパウダーで立体感のあるツヤを演出し、肌に溶け込むようになじむ。

> 繊細なツヤ肌に仕上がる軽やかなフェイスパウダー

エテュセ
エテュセ フェイスエディション（パウダー）

全1色 7g
¥2,090

毛穴をカバーし、くすみのない透明肌に仕上げるフェイスパウダー。さらさらセミマットな仕上がり。

> 24時間つけっぱなしでOKなスキンケアパウダー

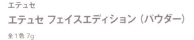

ETVOS
ミネラルUVパウダー

全2色 5g SPF50 PA++++
¥3,300

美肌・保湿効果をもたらす高機能UVパウダー。やさしい使い心地とノンケミカル処方。

> メイクアップ効果と一緒に紫外線もカットできるUVパウダー

キス
マットシフォン フィニッシングルースパウダー

全2色 14g
¥2,200

長時間テカリを抑えてメイク持ちアップ。さらさら感が続く透明美肌に仕上げるルースパウダー。

> くすみをカバーし、明るく自然な肌色に仕上げてくれる！

キャンメイク
マシュマロフィニッシュパウダー

全4色 10g SPF50 PA+++
¥1,034

マシュマロ美肌になれるフェイスパウダー。ベタつきもテカリもサラリとかわって、ふんわり美肌に！

> 陶器肌のような仕上がりになる高カバー力なフェイスパウダー

FACE POWDER

王道コスメ図鑑
★★★

フェイスパウダー

ミドル・プチプラ 編

キャンメイク
シルキールースモイストパウダー

全3色 6g SPF23 PA++
¥968

乾燥による化粧崩れを防ぐ、保湿ルースパウダー。まるでシルクのヴェールをまとったようなサラサラ肌に。

単品使用で石けんオフできる保湿タイプのフェイスパウダー

P01のみ　　　01・02
ツヤ　　マット　　保湿
カバー力　トーンUP　崩れにくい

※ツヤ→P01のみ、マット→01, 02

キャンメイク
マシュマロフィニッシュパウダー ～Abloom～

全3色 4g SPF19 PA++
¥1,034

5色を混ぜて使うことで、顔色補正効果&トーンアップ！濁りのない澄んだ肌が長時間続く。

陶器肌な仕上がりはそのままに、ワントーンアップ！

ツヤ　　マット　　保湿
カバー力　トーンUP　崩れにくい

KATE
ムーンプレストブライトパウダー

全3種 11g
¥2,200（セット価格・編集部調べ）

テカリをしっかり抑えつつ、毛穴・凹凸・色ムラをなめらかにカバー。サラサラなのにツヤ肌仕上がり。

クリアタイプとカバータイプがセットになったパウダー

ツヤ　　マット　　保湿
カバー力　トーンUP　崩れにくい

コーセーコスメニエンス
メイク キープ パウダー

全1色 5g
¥1,320（編集部調べ）

軽いつけ心地で白浮きせずなじみ、つけたての美しさと毛穴レスなサラサラ肌が長時間持続するパウダー。

汗や皮脂をはじき、オイルコントロール成分が皮脂を吸着

ツヤ　　マット　　保湿
カバー力　トーンUP　崩れにくい

SNIDEL BEAUTY
ルースパウダー
全4色 5.5g
¥3,630

肌悩みをカバーしながら、羽のような軽さでふんわりムラなく溶け込み、しっとりなめらかな肌に。

乾燥やテカリを感知して、水分をコントロール！

- ツヤ / マット / 保湿
- カバー力 / トーンUP / 崩れにくい

セザンヌ
毛穴レスパウダー
全1色 8g
¥748

ソフトフォーカス効果パウダーが薄膜のように肌を覆い、光のヴェールが毛穴をカバーするパウダー。

毛穴をキレイにぼかし、テカリやべたつきを抑えてくれる

- ツヤ / マット / 保湿
- カバー力 / トーンUP / 崩れにくい

ちふれ
ルース パウダー
全2色 20g
¥880

自然なつやをまとった、透明感のある肌へ。すべすべのキメ細かな肌を保つルースタイプ。

化粧崩れを防いでくれるパウダータイプのおしろい

- ツヤ / マット / 保湿
- カバー力 / トーンUP / 崩れにくい

チャコット
フィニッシングパウダー マット【761 ナチュラル】
全5色 30g ※パフ別売
¥1,320

発色を損なわずに、くずれにくい肌に。肌のキメや毛穴を整え、テカリを抑えてサラサラに。

汗に強くくずれにくいけど粉っぽさは控えめなパウダー

- ツヤ / マット / 保湿
- カバー力 / トーンUP / 崩れにくい

ByUR
セラムフィット ルースフェイスパウダー
全1色 10g
¥2,090

カバー&ケアしてうるおいキープ。テカリを抑えて毛穴の目立たないさらっとした質感に整えてくれる。

毛穴管理に特化した成分が配合されたセミマットタイプ

- ツヤ / マット / 保湿
- カバー力 / トーンUP / 崩れにくい

rom&nd
バックミーノーセバムパウダー
全1色 5g
¥748

余分な皮脂を吸着、凹凸をぼかし、キメ細かいクリアなパウダーでサラサラ肌に！ふんわりパフ付き。

コンパクトサイズなので持ち歩きコスメにも最適！

- ツヤ / マット / 保湿
- カバー力 / トーンUP / 崩れにくい

王道コスメ図鑑

アイシャドウ

デパコス編

メゾンブランドならではのカラーバリエーションや、こだわりの質感は、さすがデパコス♡
1つは持っておきたいと思うのはどれ？

※50音順に掲載しています

RMK
RMK シンクロマティック アイシャドウパレット

全4種
¥6,380

4色をレイヤリングして、モノクロマティックな新しい世界をまぶたに。重ねるごとに深みが増す。

つけると同時に目元の透明感も上がるような透き通る発色

`単色` `パレット` `高発色`
`ナチュラル` `チップ付き` `鏡付き`

アディクション
ザ アイシャドウ パレット

全11色
¥6,820

ありちゃんお気に入りは、003 Marriage Vow。時代を超えて受け継がれる美しき物語を投影。

ベルベットのようにやわらかな質感が特徴のアイシャドウ

`単色` `パレット` `高発色`
`ナチュラル` `チップ付き` `鏡付き`

アディクション
ザ アイシャドウ スパークル

全20色
¥2,200

ありちゃんお気に入りは、004SP Mariage。眩いほどの煌きを叶える華やかな仕上がり。

ブランドを代表するアイシャドウ。スパークルを含めて5つの質感があり色展開も豊富！

`単色` `パレット` `高発色`
`ナチュラル` `チップ付き` `鏡付き`

ETVOS
ミネラルクラッシィシャドー

全4色
¥4,620

ありちゃんお気に入りは、ブリックオレンジ。敏感肌のまぶたをケアしながら、美しく彩る。

敏感肌でも使えるミネラル生まれのアイシャドウ

`単色` `パレット` `高発色`
`ナチュラル` `チップ付き` `鏡付き`

エレガンス
エタンセル アルモニーアイズ

全3種
¥3,850

肌にとけこむ華やかな色と輝き。瞬くたびにしっとりつやめく2色のアイカラー。

> 簡単に仕上がるのに、仕上がりは華やかで上品

`単色` `パレット` `高発色`
`ナチュラル` `チップ付き` `鏡付き`

ゲラン
オンブル ジェ

全8色
¥10,340

ありちゃんお気に入りは、910 アンドレスド ブラウン。自然のスペクタクルを映し出す、ネイチャーカラー。

> サテン、マット、メタリック、イリディセントの4つの質感

`単色` `パレット` `高発色`
`ナチュラル` `チップ付き` `鏡付き`

コスメデコルテ
アイグロウジェム スキンシャドウ

全30種
¥2,970

ありちゃんお気に入りは、12G satin shine。スキントーンの光る透きツヤアイカラー。

> 単色使いでも簡単にグラデーションが作れるアイシャドウ

`単色` `パレット` `高発色`
`ナチュラル` `チップ付き` `鏡付き`

CHANEL
レ キャトル オンブル

全14色
¥8,360(編集部調べ)

アイメイクの可能性を広げるアイシャドウ。ソフトでつけやすく、鮮やかに輝き長時間美しい発色を保つ。

> 美しい配色と、マット、サテン、メタリックの質感を楽しめる

`単色` `パレット` `高発色`
`ナチュラル` `チップ付き` `鏡付き`

ジルスチュアート
ブルームクチュール アイズ ジュエルドブーケ

全5色
¥6,380

きらめき華やぐ満開ジュエルブーケアイ。宝石のような輝きで仕上げるアイカラーパレット。

> ピンクを基調とした可愛らしい目元が作りやすい甘め仕上がり

`単色` `パレット` `高発色`
`ナチュラル` `チップ付き` `鏡付き`

シュウ ウエムラ
クロマティックス クワッド

全4種
¥7,150

視線を奪うほどドラマティックで大胆に。目元の立体美引き立つアイシャドウパレット。

> 高発色なのに浮かない仕上がり。これ1つで簡単に立体感UP！

`単色` `パレット` `高発色`
`ナチュラル` `チップ付き` `鏡付き`

EYE SHADOW

王道コスメ図鑑
★ ★ ★

アイシャドウ

デパコス編

SUQQU
シグニチャー カラー アイズ

全13種
¥7,700

質のいいベーシックにこだわる大人の贅を表現。品の良さとモードを兼ね備えたアイシャドウパレット。

> どれだけ重ねてもくすみにくい。きれいな発色と透明感が特徴

`単色` `パレット` `高発色`
`ナチュラル` `チップ付き` `鏡付き`

セルヴォーク
セルヴォーク ヴァティック アイパレット

全10種
¥6,820

徹底的にこだわり抜き、計算し尽くされた色と質感の4色を組み合わせたアイシャドウパレット。

> テクニック不要で洗練されたモードな印象を演出するアイシャドウ

`単色` `パレット` `高発色`
`ナチュラル` `チップ付き` `鏡付き`

ディオール
ディオールショウ サンク クルール

全17色
¥9,130（編集部調べ）

ありちゃんお気に入りは、423 アンバー パール。ディオールを象徴するアイシャドウ パレット。

> 軽やかでソフトな質感でロングウェア。色展開も豊富

`単色` `パレット` `高発色`
`ナチュラル` `チップ付き` `鏡付き`

トム フォード ビューティ
アイ カラー クォード

全17色
¥12,980

ありちゃんお気に入りは、04A サスピション。4色のハーモニーで構成されたアイシャドウパレット。

> とてもラグジュアリーで華やかな目元に仕上がる！

`単色` `パレット` `高発色`
`ナチュラル` `チップ付き` `鏡付き`

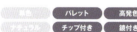

NARS
クワッドアイシャドー

全4種
¥6,710

しなやかなマット、光沢のあるサテン、マルチに煌めくグリッター。自在に操れる様々な質感が揃う。

インパクトのあるカラーラインナップが特徴のアイシャドウ

単色 / パレット / 高発色 / ナチュラル / チップ付き / 鏡付き

ボビイ ブラウン
リュクス アイシャドウ

全7種
¥5,500

ありちゃんお気に入りは、ムーンストーン。豊かな発色と奥行きのある輝き。ハイスパークルな輝きが特徴。

目元をキラキラさせたいならこれ！

単色 / パレット / 高発色 / ナチュラル / チップ付き / 鏡付き

ルナソル
アイカラーレーション

全24種（うち限定6種）
¥6,820

ありちゃんお気に入りは、15 Flawless Clarity。まばたきするたび、光がこぼれる。

ありそうでなかった色の組み合わせが楽しめる

単色 / パレット / 高発色 / ナチュラル / チップ付き / 鏡付き

ルナソル
スキンモデリングアイズ

全2種
¥5,500

ありちゃんお気に入りは、02 Beige Orange。澄んだ色と光で肌そのものの美しさを際立たせる。

ベージュを基調とした、絶対に外さない定番アイシャドウ

単色 / パレット / 高発色 / ナチュラル / チップ付き / 鏡付き

ローラ メルシエ
キャビアスティック アイカラー

全21色
¥3,520

なめらかにのびてまぶたに密着。よれずに美しさが続くスティックアイカラー。つけたての発色が8時間持続。

クレヨンのような柔らかな描き心地のスティックタイプ

単色 / パレット / 高発色 / ナチュラル / チップ付き

YSL
クチュール ミニ クラッチ

全6種
¥9,900

ダイヤモンドの輝きを放つ高密着＆高発色のアイシャドウ。タイムレスなヌーディカラーが特徴的。

まるで宝石のような輝きを放つ。高密着て高発色

単色 / パレット / 高発色 / ナチュラル / チップ付き / 鏡付き

119

王道コスメ図鑑
★★★

アイシャドウ
ミドル・プチプラ編

流行を素早く取り入れて今っぽ顔を作るなら、やっぱりコスパ最強なアイシャドウに注目！ 抜け感カラーが揃ってる。

※50音順に掲載しています

&be
パレットアイシャドウ
全6種
¥3,300

質感の違う高発色アイシャドウを組み合わせたパレットアイシャドウ。まぶたに自然な奥行きが生まれる。

華やかな仕上がりが特徴の高発色アイシャドウ

| 単色 | パレット | 高発色 |
| チップ付き | 鏡付き |

※1メラニンの生成を抑え、しみ、そばかすを防ぐ ※2皮膚の乾燥を防ぐ、シワを改善する

ウォンジョンヨ
ウォンジョンヨ メタルシャワーペンシル
全3種
¥1,650

ありちゃんお気に入りは、03 ブロンズベージュ。ひと塗りで、輝く目元になれる、ぷっくり涙袋ペンシル。

サッと塗るだけで涙袋が誕生！密着力もかなり高い

| 単色 | パレット |
| 高発色 | ナチュラル |

ウォンジョンヨ
ウォンジョンヨ W デイリームードアップパレット
全3種
¥2,420

ありちゃんお気に入りは、03 ブロッサムコーラル。なりたいムードに合わせて楽しむアイチークパレット。

万能カラーなアイシャドウ7色。◆部分はチークとしても使える！

| 単色 | パレット | 高発色 |
| ナチュラル | チップ付き | 鏡付き |

エクセル
グリームオンフィットシャドウ
全6種
¥1,320

抜群の密着力で夜までヨレない！ムラなくするする描けて目元にフィットするクリーミーななめらか質感。

とにかく高密着で落ちにくいスティックアイシャドウ

単色	パレット
高発色	ナチュラル
チップ付き	鏡付き

エクセル
スキニーリッチシャドウ
全8種
¥1,650

ありちゃんお気に入りは、SR04 スモーキーブラウン。肌なじみの良い色だけで作った、捨て色なし。

> 場所やシーン問わず、万人が使いやすいアイシャドウNo.1かも！

単色 / パレット / 高発色
ナチュラル / チップ付き / 筆付き

エクセル
リアルクローズシャドウ
全6種
¥1,650

ありちゃんお気に入りは、CX01 タッセルミュール。3種の質感で目元を彩り重ねるほどに極上のツヤ感。

> ファッション感覚で使えるオシャレなカラーバリエーション

単色 / パレット / 高発色
ナチュラル / チップ付き / 筆付き

エテュセ
エテュセ アイエディション（カラーパレット）
全13種
¥1,540

ありちゃんお気に入りは、15 マホガニーレッド。2つの質感で、目もとに深みを演出するアイシャドウ。

> 色ではなく、質感でグラデーションが作れる2色パレット

単色 / パレット / 高発色
ナチュラル / チップ付き / 筆付き

キャンメイク
シルキースフレアイズ
全4色
¥825

しっとり密着しリッチな質感。透けツヤな4色。繊細なパールが配合されたやわらかなしっとりパウダー。

> シルクのような透け艶発色仕上がりのアイシャドウ

単色 / パレット / 高発色
ナチュラル / チップ付き / 筆付き

キャンメイク
シルキースフレアイズ(マットタイプ)
全5色
¥825

シルキースフレアイズの姉妹品♡ 肌に溶け込むような透けマットシャドウ。様々なメイクのパターンを楽しめる。

> やわらかい仕上がりのマット3色と透け発色の繊細ラメ1色

単色 / パレット / 高発色
ナチュラル / チップ付き / 筆付き

キャンメイク
プティパレットアイズ
全3色
¥1,078

マット×パール×ラメなど、組み合わせ方はあなたの自由！ 自分好みのアイメイクを楽しめます。

> 捨て色なしの持ち運び多色アイシャドウパレット

単色 / パレット / 高発色
ナチュラル / チップ付き / 筆付き

EYE SHADOW

王道コスメ図鑑
★★★

アイシャドウ

ミドル・プチプラ編

CLIO
プロアイパレット

全12色
¥3,840

全色集めたくなる高クオリティーなベストカラーが組み合わせたアイシャドウパレット。捨て色なし。

> これ1つでクールからキュートまで幅広い仕上がり！

単色／パレット／高発色／ナチュラル／チップ付き

セザンヌ
ベージュトーンアイシャドウ

全5色
¥748

ありちゃんお気に入りは、01 ナッツベージュ。ラメ・パール・マットの質感を重ねて、まぶたを強調。

> 肌馴染み抜群のベージュを基調としたアイシャドウ

単色／パレット／高発色／ナチュラル／チップ付き

デイジーク
デイジーク シャドウパレット

全21色
¥4,180

マット・シマー・グリッターの3質感。どれも捨て色がなく、さまざまなテクスチャーが楽しめる万能なアイシャドウパレット。

> どれもニュアンス発色なのでテクなして自然なグラデが完成

単色／パレット／高発色／ナチュラル／チップ付き／筆付き

---

b idol
THE アイバレR

全7種
¥1,980

ありちゃんお気に入りは、01 本命のブラウン。質感の異なるきらめきパウダーとこだわりの配色。

> カラー3色＋ハイライト1色。絶妙な煌めきが一気に高見え

単色／パレット／高発色／ナチュラル／チップ付き／筆付き

122　CHAPTER 4　ジャンル別　王道コスメ図鑑

hince
ニューデップスアイシャドウパレット

全6色
¥4,290

ありちゃんお気に入りは、03ライク・ア・シーン。感覚的なカラーと繊細なテクスチャー。

様々な質感の全10色入りのパレット。しっとりで粉落ちしにくい

単色 / パレット / 高発色 / ナチュラル / チップ付き / 鏡付き

Fujiko
シェイクシャドウ SV

全5色
¥1,408

2層を混ぜて使うウォーターベースのアイシャドウ。ピタッと密着。シアーな抜け感で美しい目元に。

水と光の粒をシェイクして使う、油分ゼロの新感覚シャドウ

単色 / パレット / 高発色 / ナチュラル / チップ付き / 鏡付き

マジョリカ マジョルカ
シャドーカスタマイズ

全22色
¥550

吸いこまれそうな奥行きのある目もとをかなえる、フォルム整形パウダーシャドウ。ひと塗りでまばゆく発色。

ワンコインで買える全22色のミニサイズシャドウ！

単色 / パレット / 高発色 / ナチュラル / チップ付き / 鏡付き

リンメル
ワンダー　スウィート　アイシャドウ

全5色
¥1,760

ありちゃんお気に入りは、003。ショコラスウィートアイズがリニューアル。つけたて発色＆ツヤが続く。

5色のカラーを順に重ねるだけで、立体感のある目元に

単色 / パレット / 高発色 / ナチュラル / チップ付き / 鏡付き

rom&nd
ロムアンド ベターザンアイズ

全6色
¥1,760

可愛いがあふれる！なめらかで塗り心地のよいテクスチャーが目元をふんわりとした雰囲気に。

マットとグリッターの使いやすい組み合わせなアイシャドウ

単色 / パレット / 高発色 / ナチュラル / チップ付き / 鏡付き

rom&nd
ロムアンド ベターザンパレット

全4色
¥3,190

グリッターとマットの10色。単色使いにはもちろん、多色パレットだからこそトライできる重ね使いも◎。

ラメの華やかな煌めきが特徴♡

単色 / パレット / 高発色 / ナチュラル / チップ付き / 鏡付き

王道コスメ図鑑

マスカラ

ミドル・プチプラ 編

マスカラの王道はコスパ抜群のものばかり！
なのでミドル・プチプラ編のみまとめて紹介するよ！

※50音順に掲載しています

アイプチ®
ひとえ・奥ぶたえ用マスカラ

全2色
¥1,320

まぶたに埋もれず強力にカールキープ。1日中にじまない！スリムブラシを採用。独自の形状のカーブが特徴。

> なぎなた形状のブラシで、まつ毛の根本からしっかり塗布！

- カール
- ダマにならない
- WP

エテュセ
エテュセ アイエディション（マスカラベース）

全1色
¥1,100

くるんと長時間カールキープし自然に目力UP。ダマにならず、根もとからぐぐっとあげるセパレートコーム。

> マスカラ下地とは思えないほど1本でナチュラルに目力UP

- ロング
- カール
- ダマにならない
- WP

オペラ
マイラッシュ アドバンスト

全2色
¥1,100

パパッとキレイに、自然に際立つ速乾フィルムマスカラ。速乾液で1本1本コーティング。お湯オフ◎。

> 繊維なしでダマになりにくく、自然な仕上がりに

- ロング
- カール
- ダマにならない
- お湯落ち
- WP

キャンメイク
クイックラッシュカーラー

全6色
¥748

優れたカール＆キープ効果で瞳パッチリ！マスカラの上から重ね塗りするだけでくるりんカールが長時間持続。

> マスカラ下地・トップコート・マスカラとして1本3役

- カール
- ダマにならない
- WP

キングダム
束感カールマスカラ
全3色
¥1,760

ピンセットいらずで簡単に束感まつ毛が叶うコームマスカラ。目力がありながら抜け感もある仕上がりに。

塗るだけで簡単に束感仕上がりのまつ毛が作れる

- ロング
- ボリューム
- カール
- ダマにならない
- お湯落ち
- WP

KATE
ラッシュフォーマー EX（クリア）
全2色
¥1,078（編集部調べ）

繊細に盛れるクリアカラー。塗ってる感がないのに、自然に目もと印象アップ。ウォーター＆オイルプルーフ。

繊細に盛れるクリアカラーで、まるで元からロングまつ毛に

- ロング
- ボリューム
- カール
- ダマにならない
- お湯落ち
- WP

コーセーコスメニエンス
カールキープマジック
全1色
¥990（編集部調べ）

マスカラ下地・トップコート・マスカラの1品3役。アイラッシュカーラーなしでもまつ毛をぱっちりUP。

繊維入りでしっかりロングまつ毛＆キープ力も優秀

- ロング
- ボリューム
- カール
- ダマにならない
- お湯落ち
- WP

セザンヌ
耐久カールマスカラ
全4色
¥638

1本でマスカラ下地・マスカラ・トップコートの3役使えるマスカラ。くるんと上向きカールに仕上がる。

ダマになりづらく1本1本がしっかり伸びる！

- ロング
- ボリューム
- カール
- ダマにならない
- お湯落ち
- WP

D-UP
パーフェクトエクステンションマスカラ for カール
全8色
¥1,650

パリッと固めず繊細な"ふんわりカール"を長時間キープ。重ね塗りしてもダマにならない！

目幅に合わせた幅25.5mmのブラシで細かいところまで塗れる◎

- ロング
- ボリューム
- カール
- ダマにならない
- お湯落ち
- WP

デジャヴュ
塗るつけまつげ ラッシュアップ
全2色
¥1,320

"見えないまつげ"も際立てて、目力を最大限に引き出す。密着性が高くなめらかさも兼ね備えたマスカラ。

うぶ毛のような細いまつげや短いまつげにも液がしっかり絡む！

- ロング
- ボリューム
- カール
- ダマにならない
- お湯落ち
- WP

マスカラ

王道コスメ図鑑 ★★★

ミドル・プチプラ編

デジャヴュ
塗るつけまつげ ラッシュノックアウト
エクストラボリュームE
全2色
¥1,650

ボリュームが出るのに、ダマなくくるんと艶やかでキレイな仕上がりの「塗るつけまつげ」ボリュームタイプ。

> ブラシにたっぷりマスカラ液が絡んで、ひと塗りでボリュームUP

ロング / ボリューム / カール / ダマにならない / お湯落ち / WP

ピメル
ピメル パーフェクトロング&カールマスカラ
全2色
¥1,100

繊細ロング×夜までカール、まるで自まつげが伸びたみたいな #うそつきマスカラ。ナチュラルさと盛りを両立。

> まるで自まつ毛のよう！でもしっかり目力は上がる！

ロング / ボリューム / カール / ダマにならない / お湯落ち / WP

ヒロインメイク
ボリューム&カールマスカラ アドバンストフィルム
全2色
¥1,320（編集部調べ）

フィルムとウォータープルーフの技術を両立。ひと塗りで液がたっぷりついて即ボリュームアップ！

> 1本1本太くなってカールキープ力抜群。お湯と洗顔料でオフ◎

ロング / ボリューム / カール / ダマにならない / お湯落ち / WP

ヒロインメイク
ロング&カールマスカラ アドバンストフィルム
全2色
¥1,320（編集部調べ）

フィルムとウォータープルーフの技術を両立した新しいマスカラ。短いまつ毛もしっかり伸ばしてくれる。

> しっかり伸びて、カールキープ力も抜群。お湯と洗顔料でオフ◎

ロング / ボリューム / カール / ダマにならない / お湯落ち / WP

CHAPTER 4　ジャンル別　王道コスメ図鑑

マジョリカ マジョルカ
ラッシュエキスパンダー ロングロングロング EX

全4色
¥1,210

ぐんぐんのびて、長時間カールが続くふさふさ美ロング整形マスカラ。カール記憶処方でカールが持続。

> 繊維がたっぷり入っていて、ふわっとした繊細まつ毛に

`ロング` `ボリューム`
`カール` `ダマにならない`
`お湯落ち` `WP`

mude
インスパイアロングラッシュカーリングマスカラ

全2色
¥2,310

カールキープ×セパレートの繊細な美まつげ、夜までずっと続くマスカラに。しっかりまつ毛を伸ばしたい人に。

> 繊維がたっぷり配合されていて、とにかく伸びる！

`ロング` `ボリューム`
`カール` `ダマにならない`
`お湯落ち` `WP`

ミルクタッチ
オールデイボリュームアンドカールマスカラ

全3色
¥1,628

ひと塗りでしっかりとまつ毛に密着し、ボリュームのあるぱっちりまつ毛に！1日中にじまずカールキープ。

> マスカラ液がなめらかで、ダマになりにくく綺麗に仕上がる

`ロング` `ボリューム`
`カール` `ダマにならない`
`お湯落ち` `WP`

メイベリン
メイベリン スカイハイ

全5色
¥1,639

コームがブラシのように5列のアーチ状に並んでいるから、マスカラ液がしっかりつき、根元からまつ毛をUP。

> コームが特徴のマスカラ。ばっちり上向きロングに仕上がる

`ロング` `ボリューム`
`カール` `ダマにならない`
`お湯落ち` `WP`

メイベリン
ラッシュニスタ N

全4色
¥1,419

ふわっと上向きロングがつづくマスカラ。日本人女性のためによりコンパクトに設計されたブラシを採用。

> 塗るときはスッと伸び、乾くとぴたっと固まるお湯落ちタイプ

`ロング` `ボリューム`
`カール` `ダマにならない`
`お湯落ち` `WP`

rom&nd
ロムアンド ハンオールフィックスマスカラ

全6色
¥1,430

綺麗なカールをキープし一本一本塗れるスリムブラシ。汗や皮脂に強く、ダマにもなりにくく毛先まで美しく。

> セパレートされた綺麗な形と上向きカールを長時間キープ

`ロング` `ボリューム`
`カール` `ダマにならない`
`お湯落ち` `WP`

王道コスメ図鑑

リップ
デパコス編

品があらわれるリップメイクはリッチにするのも◎。
また、塗り直す時にテンションが上がるような素敵なバケのアイテムもたくさん。

※50音順に掲載しています

RMK
RMK リクイド リップカラー

全10色
¥4,180

ひと塗りでみずみずしいデューイーなツヤと色を唇にまとわせる新感触のリクイド リップカラー。

> 軽やかなツヤリップ。ティントではないのでムラになりにくい

`ツヤ` `マット` `保湿`
`高発色` `落ちにくい` `ナチュラル`

アディクション
ザ マット リップ リキッド

全21色
¥3,520

超軽量なリキッドルージュ。見たまのカラーが唇を彩り、ラインと発色がずっと続く。

> 濃密でマットなリップ。高密着で落ちにくいのもポイント

`ツヤ` `マット` `保湿`
`高発色` `落ちにくい` `ナチュラル`

アディクション
ザ リップスティック エクストレム シャイン

全16色
¥4,070

ひと塗りで濃密なカラーが咲きこぼれるボタニカルバーム仕立て。艶めきとうるおいが長時間続く。

> 濃密な発色のリップ。保湿力も高く、適度に色もちも◎

`ツヤ` `マット` `保湿`
`高発色` `落ちにくい` `ナチュラル`

YSL
ルージュ ヴォリュプテ キャンディグレーズ

全10色
¥5,500

スキンケア成分78%配合、グロスを超えたツヤとカラーを実現するジューシーなリップ。ボリューミーでキャンディのような唇に。

> 唇にのせた瞬間、とろけるような使用感の濃厚リップ

`ツヤ` `マット` `保湿`
`高発色` `落ちにくい` `ナチュラル`

YSL
ルージュ ヴォリュプテ シャイン
全18色
¥5,500

みずみずしく透明感あるクリア発色と"生ツヤ"が持続。レイヤリング可能なので、発色の調整も自由自在。

> 美容オイルを65%配合。濡れたような生っぽいツヤ唇に

クラランス
コンフォート リップオイル インテンス
全6色
¥3,850

「ケア、輝き、そして発色」3つが叶う。オイルベースなのに軽いテクスチャーでべたつかず、高発色。

> リップオイルなのに高発色で落ちにくい！

コスメデコルテ
ルージュ デコルテ
全51色
¥3,850

肌や顔立ちを美しく魅せてくれる。鮮やかな発色とうるおいが続く、5質感、全51色のリップスティック。

> 肌なじみがよく、保湿感のある使用感が特徴のリップ

ジバンシイ
ルージュ・アンテルディ・クリーム・ベルベット
全12色
¥5,500

ひと塗りで発色しまろやかに色づくクリーミーマットな仕上がり。空気のように軽いつけ心地でふっくら唇に。

> ふわふわなクリームのようなテクスチャーのマットリップ

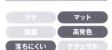

CHANEL
ルージュ アリュール ラック
全22色
¥5,500（編集部調べ）

発色、つや、うるおいが長時間続くリキッドタイプのリップカラー。唇と一体化し高い保湿効果も併せ持つ。

> 鮮やかな発色で落ちにくいのに、保湿感まで優秀なティント

シュウ ウエムラ
ルージュ アンリミテッド キヌ サテン
全27色
¥4,840

独自の二層構造によりなめらかなつけ心地を実現。上層は顔料プロテクターとしての役割も果たし色移りも防ぐ。

> シルクのような なめらかさと、羽のように軽いテクスチャーが両立

129

王道コスメ図鑑
★★★

リップ

デパコス編

ジルスチュアート
ジルスチュアート クリスタルブルーム リップブーケ セラム

全7色
¥3,740

ひと塗りでみずみずしいツヤと色をまとわせる新感触のリクイドリップ。高保湿でたっぷりのうるおいを。

> プランプ効果のあるリップセラム。ふっくらハリ感のある唇に

ツヤ / マット
保湿 / 高発色
落ちにくい / ナチュラル

SUQQU
シアー マット リップスティック

全14色
¥5,500（セット価格）

"ほのかに透ける"おだやかなマット感を演出。薄膜で軽やかな使い心地で鮮やかな色彩が繊細なシアー質感で発色。

> 新感覚マットリップ。強すぎない大人っぽい仕上がりに

ツヤ / マット
保湿 / 高発色
落ちにくい / ナチュラル

ディオール
ディオール アディクト リップ マキシマイザー

全29色
¥4,620（編集部調べ）

うるおいとふっくらボリュームアップをもたらすリッププランパー。自然由来成分2の使用にこだわったフォーミュラに進化して登場。

> プランプ効果と透き通る発色でぷっくり唇ゲット

ツヤ / マット
保湿 / 高発色
落ちにくい / ナチュラル

ディオール
ルージュ ディオール フォーエヴァー リキッド

全16色
¥5,500（編集部調べ）

高密着で鮮やかな発色を叶える"マスク プルーフ"。軽やかなつけ心地のエアリーマットな質感。

> とにかく密着力が高く、落ちないマットリップ

ツヤ / マット
保湿 / 高発色
落ちにくい / ナチュラル

NARS
アフターグロー センシュアルシャイン リップスティック

全10色
¥4,400

塗るたびに唇に立体的なツヤとうるおいを与える、カラーとケア成分を融合させたハイブリッドリップ。

> リップクリームのようななめらかなつけ心地！

NARS
パワーマット リップスティック

全21種
¥4,840

マットな質感、軽いつけ心地。大胆なカラーが唇を満たし、仕上がりが長時間続く。

> 軽いマットリップ。細みなので細かいところにも塗りやすい

M·A·C
リップスティック

全37色
¥3,520

豊富なカラーとなめらかなテクスチャーのリップスティック。唇にうるおいと輝きをもたらす。

> とにかくカラーバリエーションが豊富！欲しい1色が見つかる

ランコム
ラプソリュ ルージュ クリーム

全16色
¥5,280

至福がつづくフレンチリップ。ローズ由来の保湿成分を配合した付け心地の良さが至福の時へと導く。

> シルクのような付け心地とツヤのある発色が続くリップ

ルナソル
プランプメロウリップス

全12色（うち限定3色）
¥4,400

Wオイル処方で艶とみずみずしさを手に入れられるリップスティック。触れた瞬間、とろけてフィット。

> 触れた瞬間とろけるようななめらかな使用感。生っぽリップ

ローラ メルシエ
リップグラッセ ハイドレーティング バームグロス

全15色
¥3,520

たっぷりの潤い成分で唇をケアしながら、キュートなカラーを楽しめるリップグロス。

> 天然由来の潤い成分配合で、長時間潤いが持続するツヤリップ

王道コスメ図鑑

リップ

ミドル・プチプラ 編

リップも質感やカラーなどメイクの流行によって、どんどん新しいものが生まれているから、それに合わせてコスパ良く挑戦したいところ♡

※50音順に掲載しています

ヴィセ
ネンマクフェイク ルージュ

全6色
¥1,540(編集部調べ)

粘膜のような色とツヤがピタッと密着して一体化、むっちりとした色気のある唇が長時間つづくルージュ。

塗って1分でしっかり密着。ティントじゃないのに色もち抜群

ツヤ ／ マット
保湿 ／ 高発色
落ちにくい ／ ナチュラル

エクセル
リップベルベティスト

全6色
¥1,760

ふわっとなめらかな濃密発色で唇に品を添える、新感覚レアベルベットリップ。長時間ヨレずにつけたての色。

粉っぽさのない"レア感マット"な仕上がりのリップ

ツヤ ／ マット
保湿 ／ 高発色
落ちにくい ／ ナチュラル

オペラ
リップティント N

全9色
¥1,760

美容オイルでケアするティント。透けながら唇そのものを色づかせ、自分だけの色と質感を表現。

ほのかなツヤ感と、色持ちの良さが両立したリップティント

ツヤ ／ マット
保湿 ／ 高発色
落ちにくい ／ ナチュラル

キス
リップアーマー

全8色
¥1,430

唇にツヤ発色の鎧を。色をジェル膜がコートし、濡れたような光沢感がありながら、つけたての発色が続く。

軽い使用感で色持ちがいい。濡れたような光沢感な仕上がり

ツヤ ／ マット
保湿 ／ 高発色
落ちにくい ／ ナチュラル

※ブランドリニューアルに合わせ、順次ロゴデザインが変更になります。

キス
リップアロー
全6色
¥1,980

口角まできゅっと描きやすい極細リップ。細部まで整えやすくポジティブな印象の唇に。

> もっちり感と生ツヤ感を両立させたレアクロウな質感

- ツヤ
- マット
- 保湿
- 高発色
- 落ちにくい
- ナチュラル

キャンメイク
むちぷるティント
全3色
¥770

とろけてうるおうむっちりぷるぷる唇に。色モチもツヤ感もメイクアップ効果によるボリュームUPも叶う。

> 色持ち、艶感、ボリュームUPが全て叶うプチプラリップ

- ツヤ
- マット
- 保湿
- 高発色
- 落ちにくい
- ナチュラル

KATE
リップモンスター
全14色（内WEB限定4色）
¥1,540（編集部調べ）

つけたての色がそのまま持続。保湿・色持ちを兼ね備えた高発色で落ちにくい口紅。あらゆる賞を総なめ。

> ティントじゃないのに落ちにくい。リップの仕込みにも◎

- ツヤ
- マット
- 保湿
- 高発色
- 落ちにくい
- ナチュラル

KATE
リップモンスター スフレマット
全8色
¥1,650（編集部調べ）

落ちにくい口紅"リップモンスター"から、ふんわり軽やかマットに仕上がる、スフレタイプが登場。

> ティントだから落ちにくい。仕上がりはスフレ質感

- ツヤ
- マット
- 保湿
- 高発色
- 落ちにくい
- ナチュラル

セザンヌ
ウォータリーティントリップ
全9色
¥660

水に濡れたような軽やかなツヤが持続。ティントタイプなので唇に色がフィットして落ちにくい。

> 1,000円以下で買えるのに、高見えするリップティント

- ツヤ
- マット
- 保湿
- 高発色
- 落ちにくい
- ナチュラル

セザンヌ
リップカラーシールド
全5色
¥660

色艶を抱えたオイルが、唇の水分と反応しゲル化してピタッと密着。塗りたての色を守るジェル膜処方のリップ。

> 透け感があってナチュラルな仕上がり。色持ちも◎

- ツヤ
- マット
- 保湿
- 高発色
- 落ちにくい
- ナチュラル

LIP

王道コスメ図鑑
★★★

リップ

ミドル・プチプラ編

---

b idol
つやぷるリップR

全8色
¥1,540

"つやぷる"唇になれるリップ。1度塗りでシアー、重ねて色気プラス。保湿×発色×ボリュームUP。

> 濃密な使用感でぷっくり唇が叶う。重ね塗りするほど高発色に

- ツヤ / マット
- 保湿 / 高発色
- 落ちにくい / ナチュラル

---

hince
ムードインハンサーウォーターリキッドグロウ

全13色
¥2,350

唇の上に染まったカラーから溢れ出す透明感。時間が経つにつれて透明感のあるボリューム感を演出する。

> ひと塗りでぷるぷるな唇が完成するリップティント

- ツヤ / マット
- 保湿 / 高発色
- 落ちにくい / ナチュラル

Fujiko
ニュアンスラップティント

全7色
¥1,408

ウォーターティント処方ルージュ。元の唇が色づいたようなニュアンスカラーで、ツヤも発色もうるおいも◎

> うるおいの膜で、もっちりと縦ジワまでカバー!

- ツヤ / マット
- 保湿 / 高発色
- 落ちにくい / ナチュラル

Fujiko
プランピーリップ

全4色
¥1,540

重ねるほどにパーンと膨らむプランプティント。ぷっくりと存在感のあるリップメイクが完成する。

> プランプ効果と質感でぷっくりした唇に

- ツヤ / マット
- 保湿 / 高発色
- 落ちにくい / ナチュラル

CHAPTER 4　ジャンル別　王道コスメ図鑑

メイベリン
SPステイ ヴィニルインク
全13色
¥1,969

食べても飲んでも塗りたての仕上がりが落とすまで続く。ひと塗りで唇を包み込むうるおい感ある仕上がりに。

> とにかく高発色で高密着。パキッとした仕上がりが好きな方に

- ツヤ
- マット
- 保湿
- 高発色
- 落ちにくい
- ナチュラル

Laka
フルーティーグラムティント
全21色
¥1,980

高保湿＆高光沢でツヤを持続。10種類のビタミン果汁が生き生きとした唇を導く100%ビーガンティント。

> 果実をかじった後のような瑞々しいツヤ感が作れる

- ツヤ
- マット
- 保湿
- 高発色
- 落ちにくい
- ナチュラル

Ririmew
センシュアルフィックスティント
全8色
¥1,870

べたつかずさらっと軽い塗り心地で、長時間落ちにくいオイルinウォーターティント処方。

> しっとりツヤめく濃密発色リップ。高発色なツヤ好きな方に

- ツヤ
- マット
- 保湿
- 高発色
- 落ちにくい
- ナチュラル

rom&nd
ロムアンド グラスティングメルティングバーム
全7色
¥1,320

高保湿のオイル成分でツヤ唇になれるバームリップ。体温で自然にとろけるやわらかなテクスチャー。

> むっちり・もちもちと弾むような質感のツヤ唇が叶うリップ

- ツヤ
- マット
- 保湿
- 高発色
- 落ちにくい
- ナチュラル

rom&nd
ロムアンド ジューシーラスティングティント
全15色
¥1,320

果汁シロップのような、みずみずしい光沢とカラーが魅力のラスティングティント。唇になめらかに密着。

> みずみずしく色もちがいいリップティント。カラバリも豊富

- ツヤ
- マット
- 保湿
- 高発色
- 落ちにくい
- ナチュラル

rom&nd
ロムアンド デュイフルウォーターティント
全7色
¥1,320

自然な"濡れツヤ唇"に。毎日塗っても負担の少ない水感ティント。二度塗りしても濁ることなし！

> 時間が経っても透明感のあるカラーをキープしてくれる

- ツヤ
- マット
- 保湿
- 高発色
- 落ちにくい
- ナチュラル

EYELINER EYEBROW

王道コスメ図鑑
★★★

アイライナー・アイブロウ

ミドル・プチプラ編

マスカラ同様、アイライナー・アイブロウも王道はコスパ抜群のものばかり！
ミドル・プチプラ編のみまとめて紹介するよ！

※50音順に掲載しています

エテュセ
エテュセ アイエディション（ジェルライナー）

全12色
¥1,320

落ちにくい。するする描ける密着ジェルライナー。ブラウンベースに抜け感ニュアンスカラーが揃う。

> 細芯タイプで、力をいれなくてもスルスル描けるジェルライナー

- 抜け感
- 高発色
- ブレにくい
- WP
- 細芯
- お湯オフ

CAROME.
ウォータープルーフリキッドアイライナー

全3色
¥1,540

濡れてもこすっても落ちにくい。綺麗が続く、リキッドアイライナー。極細から太めラインまで自由自在。

> 落ちにくさに特化したアイライナー。落ちにくさ重視の方に

- 抜け感
- 高発色
- ブレにくい
- WP
- 細芯
- お湯オフ

キャンメイク
クリーミータッチライナー

全10色
¥715

くっきり濃密発色！キレイなラインが長続き。1.5mmの超極細芯で、まつげのすき間埋めもラクラク。

> 細芯タイプで、濃密な発色のジェルライナー。色もちも◎

- 抜け感
- 高発色
- ブレにくい
- WP
- 細芯
- お湯オフ

セザンヌ
ジェルアイライナー

全8色
¥550

高密着でよれにくい。描き心地なめらかな2 in 1ジェルアイライナー。繊細な線が目元にするりと描ける。

> 少し太めの濃密ジェルライナー。やわらかい芯でぼかしやすい

- 抜け感
- 高発色
- ブレにくい
- WP
- 細芯
- お湯オフ

D-UP
シルキーリキッドアイライナー
全12色
¥1,430

必要な量が肌にのる新設計で、さらにまぶたの上をすべるような滑らかな描き心地を実現したアイライナー。

> しなやかでコシのある筆が特徴のリキッドアイライナー

- 透け感 / 高発色
- ブレにくい / WP
- 細芯 / お湯オフ

デジャヴュ
密着アイライナー ラスティンファインE 極細クリームペンシル
全3色
¥1,320

目のフレームをさりげなく際立たせる、極細クリームペンシル。描いたラインがにじまず耐久性もばっちり。

> なめらかな描き心地。直径1.5mmなので細かいところにも

- 透け感 / 高発色
- ブレにくい / WP
- 細芯 / お湯オフ

ヒロインメイク
スムースリキッドアイライナー スーパーキープ
全3色
¥1,100

描きやすく、にじみやはがれに強いリキッドアイライナー。お湯でオフできるウォータープルーフタイプ。

> にじみやはがれに強いのにお湯落ち可能なアイライナー

- 透け感 / 高発色
- ブレにくい / WP
- 細芯 / お湯オフ

ファシオ
ペンシル アイライナー
全4色
¥1,100（編集部調べ）

スリム芯でなめらかに描ける、ペンシルアイライナー。まぶたにひっかかることなく、スムーズに描ける。

> ふわっと軽やかにのび広がり、肌と一体化したようにメイクに馴染む

- 透け感 / 高発色
- ブレにくい / WP
- 細芯 / お湯オフ

ラブ・ライナー
リキッドアイライナー R4
全6色
¥1,760

奈良の筆職人の手もみの技による筆を採用。まぶたに最もふさわしいやわらかさとコシのバランスで描き心地◎

> 適度に重みがあって、書く時にぶれにくい王道アイライナー

- 透け感 / 高発色
- ブレにくい / WP
- 細芯 / お湯オフ

ルミアグラス
ルミアグラス スキルレスライナー
全10色
¥1,650

アイシャドウの上から描いても濃密に高発色。適度なボトルの重さと絶妙な筆の長さとコシで、理想の描き心地を実現。

> カラバリが豊富で、描きやすさに特化したアイライナー

- 透け感 / 高発色
- ブレにくい / WP
- 細芯 / お湯オフ

アイライナー・アイブロウ

王道コスメ図鑑 ★★★

ミドル・プチプラ編

エクセル
パウダー＆ペンシル アイブロウEX

全10色
¥1,595

描きやすいペンシルとパール感のあるふんわりパウダーで、ぼかしの効いた美人眉が簡単に描ける。

> ペンシルとパウダーとブラシの3in1タイプ。これ1つでアイブロウが完成

ナチュラル / WP / ブラシ付き

エテュセ
エテュセ アイエディション（ブロウライナー）

全5色
¥1,540

描き足しながらぼかせる。ペンシルとパウダーを一つの芯にまとめた濃淡2色のアイブロウ。

> ラインとぼかしが1本で叶うアイブロウペンシル。ブラシ付き

ナチュラル / WP / 洗顔料オフ / ブラシ付き

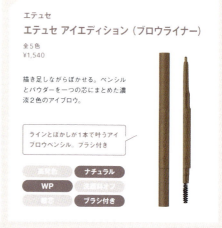

ヴィセ
ヴィセ リシェ アイブロウパウダー

全3色
¥1,210（編集部調べ）

パウダーなのに眉毛にしっかりと密着。アイブロウとしてはもちろんノーズシャドウ、ハイライトとしても◎

> 3色を自在に組み合わせて、ふんわり眉を作れるアイブロウ

ナチュラル / WP / 洗顔料オフ / 繰芯 / ブラシ付き

キャンメイク
パーフェクトエアリーアイブロウ

全4色
¥495

1本でふんわり眉を叶えるブラシ付きアイブロウペンシル。パウダーなしでもやわらかい眉毛がこれ1本で完成！

> ペンシルだけとまるでパウダーのような柔らかい仕上がりが叶う

ナチュラル / WP / 洗顔料オフ / 繰芯 / ブラシ付き

KATE
デザイニングアイブロウ3D
全8色【内店頭・WEBにて発売（店頭のみ数量限定）3色】
¥1,210（編集部調べ）

濃淡グラデカラーとエアリーな質感で、眉に自然な陰影を自然に描けるパウダーアイブロウ。

> 立体クラテ眉×ノーズの陰影を自然に描ける！

高発色 / ナチュラル / WP / 洗顔料オフ / 細芯 / ブラシ付き

スウィーツ スウィーツ
アイブロウワックス
全5色
¥770

毛流れを感じる本物のような眉になれるパウダーINワックス。ペンシルよりふんわり、パウダーよりくっきり。

> ペンシルとパウダーの中間のような仕上がりが叶う

高発色 / ナチュラル / WP / 洗顔料オフ / 細芯 / ブラシ付き

セザンヌ
超細芯アイブロウ
全7色
¥550

眉毛1本1本を描きやすい芯の細さが特徴のアイブロウ。力を入れなくてもしっかり描ける美発色タイプ。

> 眉尻まで繊細に描ける、0.9mmの超細芯アイブロウ

高発色 / ナチュラル / WP / 洗顔料オフ / 細芯 / ブラシ付き

セザンヌ
ノーズ&アイブロウパウダー
全6色
¥638

彫り深&ふんわり立体眉で目元の印象UP。ノーズシャドウにも使える3色グラデーションのパウダータイプ。

> 皮脂吸着パウダー配合で、パウダーなのに落ちにくい

高発色 / ナチュラル / WP / 洗顔料オフ / 細芯 / ブラシ付き

デジャヴュ
パウダーペンシルアイブロウ ステイナチュラE
全3色
¥990

パウダーをペンシル形状に練り固めて作ったアイブロウ。描くとパウダーがほぐれる処方でふんわり眉に。

> 3色のパウダーをブレンドした色設計で立体感のある眉に

高発色 / ナチュラル / WP / 洗顔料オフ / 細芯 / ブラシ付き

WHOMEE
マルチアイブロウパウダー
全9色（数量限定含む）
¥1,980

イガリ的眉メイクの基本。なりたいイメージ自由自在の3色入りアイブロウ&アイシャドウパウダー。

> アイシャドウとしても使えるマルチなパウダーアイブロウ

高発色 / ナチュラル / WP / 洗顔料オフ / 細芯 / ブラシ付き

王道コスメ図鑑

チーク・ハイライト・シェーディング

デパコス 編

メイクにおいて大事な立体感。ラグジュアリーな艶をまとうなら、やっぱりデパコスにはたくさんの優秀アイテムが勢揃い！

※50音順に掲載しています

RMK
RMK ピュア コンプレクション ブラッシュ
全10色
¥3,630

肌の色を引き立て、頬も心までも美しく染めるカラーバリエーション。ひとはけで、高揚感に満たされる。

上質な透け感と高発色が特徴のチーク！

ツヤ　ナチュラル　マット
密着力◎　高発色　しっとり

アディクション
ザ ブラッシュ
全28色
¥3,300

粉をオイルでコーティングしたスキンメルトテクノロジーにより、ぴったりと密着し、フレッシュに肌に溶け込む。

パール、マット、ニュアンサーと仕上がりの幅が選べる！

ツヤ　ナチュラル　マット
密着力◎　高発色　しっとり

クリニーク
チーク ポップ
全10色
¥4,180

しっとりシルキーなテクスチャーで、とけこむように肌と一体化し、なめらかにフィット。

ガーベラのデザインが特徴なクリニークを代表するチーク

ツヤ　ナチュラル　マット
密着力◎　高発色　しっとり

コスメデコルテ
パウダー ブラッシュ
全8色
¥5,500

ふんわり軽やか、しっとりとけこむ、クリア発色パウダーチーク。粉雪がとけこむように心地よく肌になじむ。

ふんわりしていて軽く、質感はしっとり。自然な血色感仕上がり

ツヤ　ナチュラル　マット
密着力◎　高発色　しっとり

CHANEL
ジュ コントゥラスト

全11色
¥7,150

美しい発色のチークカラー。肌にふわりと溶けこみ、ナチュラルでありながらいきいきとした表情を与える。

> やわらかく、シルクのようなテクスチャー！

`ツヤ` `ナチュラル` `マット`
`密着力◎` `高発色` `しっとり`

ディオール
ディオールスキン ルージュ ブラッシュ

全16色
¥7,150（編集部調べ）

厳選した超微細なピグメントを配合したクチュールカラーが、内側から上気したような美しい血色で頬を彩る。

> 全16色展開の肌にやわらかく溶けこむパウダーチーク

`ツヤ` `ナチュラル` `マット`
`密着力◎` `高発色` `しっとり`

NARS
アフターグロー リキッドブラッシュ

全6色
¥3,630

クリーミーなテクスチャーが色移りすることなく発色し、自然なツヤを演出。なめらかで簡単に美しく。

> うるおいたっぷりで、色鮮やかな発色も叶える！

`ツヤ` `ナチュラル` `マット`
`密着力◎` `高発色` `しっとり`

NARS
ブラッシュ

全19種
¥4,730

ソフトで肌なじみの良い超微粒子のパウダーは、さっとのせるだけで肌に輝きと美しい血色感を与える。

> 透明感のあるナチュラルな仕上がりのチーク

`ツヤ` `ナチュラル` `マット`
`密着力◎` `高発色` `しっとり`

ローラ メルシエ
ブラッシュ カラー インフュージョン

全11色
¥4,180

代表する大人気チーク。頬にまとうピュアな色香 甘美な色彩が叶える、洗練された大人カラー。

> ナチュラルだけど、どこかセンシュアルな仕上がり

`ツヤ` `ナチュラル` `マット`
`密着力◎` `高発色` `しっとり`

ローラ メルシエ
ティンティド モイスチャライザー ブラッシュ

全11色 15mL
¥3,740

ほんのり頬を染めたツヤっぽい肌。あどけなさとひとさじの色気をまとう、エフォートレスなクリームタイプ。

> 密着力が高く、落ちにくいのもポイント！

`ツヤ` `ナチュラル`
`マット` `密着力◎`
`高発色` `しっとり`

チーク・ハイライト・シェーディング

王道コスメ図鑑

デパコス 編

アディクション
ザ グロウ スティック
全4色
¥4,180

超繊細パールのやわらかなツヤで、自然にライトアップする「スティックハイライター・パールタイプ」。

> 超繊細パールのやわらかなツヤで、自然にライトアップする

`生ツヤ` `肌なじみ◎` `高発色` `ブラシ付き`

KANEBO
シャドウオンフェース
全1色
¥3,300

スティックで「透け影」を塗る。肌に溶け込むように陰影を仕込めるフェイスカラー。顔の造形を自然に際立たせてくれる。

> まるで影をそのまま作っているかのような感覚になるシェーディング

`単色` `高発色` `ナチュラル` `高発色` `ブラシ付き`

クレ・ド・ポー ボーテ
ル・レオスールデクラ
全6色
¥9,350

プレシャスオパールの輝きに着目して生まれた、表情を美しく際立たせるハイライティングパウダー。

> 宝石のような輝きが手に入る。光沢感は出るのに自然な仕上がり

`生ツヤ` `肌なじみ◎` `高発色` `ブラシ付き`

CHANEL
ボーム エサンシエル
全6色
¥6,600

頬、まぶた、唇など、輝かせたいところにのせて、艶をプラスできる、スティックハイライト。

> 肌に濡れたようなつやをプラスするグロウ スティック

`生ツヤ` `肌なじみ◎` `高発色` `ブラシ付き`

SUQQU
シマー リクイド ハイライター

全2色
¥4,290

保湿成分を含む、しっとりした感触で、肌にじんわり溶け込み、内側から発光するような艶に変化。

> みずみずしい光と艶を添えるリクイドハイライター

`生ツヤ` `肌なじみ◎`
`高発色` `ブラシ付き`

THREE
THREE シマリング グロー デュオ

全2種
¥4,950

クリーミーなテクスチャーは肌にとけこむと同時にパウダー状に変化。キメの整ったリアルな素肌感を生む。

> 自然なツヤと血色感を描くハイライト&チークベース

`生ツヤ` `肌なじみ◎` `高発色` `ブラシ付き`

ディオール
ディオール バックステージ フェイス グロウ パレット

全4色
¥6,050

一瞬で肌に輝きをプラスし、ナチュラルなツヤからインテンスな輝きまで、プロ仕上がりを叶える。

> ハイライト・チークとしても使える4色パレット

`生ツヤ` `肌なじみ◎` `高発色` `ブラシ付き`

ポール&ジョー ボーテ
リキッド ハイライター ペン

全1色
¥2,860

さっとひと塗りするだけで、透明感のある輝きを与えて肌をトーンアップ。明るく立体的な顔立ちを演出。

> 筆ペンタイプのハイライター。自然な艶感で量を調整しやすい

`生ツヤ` `肌なじみ◎`
`高発色` `ブラシ付き`

M·A·C
M·A·C ミネラライズ スキンフィニッシュ

全5色
¥5,830

水のような輝きを纏う、滑らかな付け心地のパウダー。ハイライト効果のあるシェードやチークカラーも。

> サッとひと塗りするだけで自然な立体感が手に入る

`生ツヤ` `肌なじみ◎` `高発色` `ブラシ付き`

ローラ メルシエ
ローズグロウ イルミネーター

全1種
¥4,180

ローズの血色感と潤いに満ちたツヤ感を演出するハイライト。繊細かつ滑らかなテクスチャーで肌に溶け込む。

> 肌なじみのいいヌードカラーのハイライトパウダー

`生ツヤ` `肌なじみ◎` `高発色` `ブラシ付き`

CHEEK HIGHLIGHT SHADING

王道コスメ図鑑

チーク・ハイライト・シェーディング

ミドル・プチプラ 編

コスパがいいからって侮ることなかれ。陰影や光を操るアイディアアイテムがたくさん！面白いアイテムが見つかるはず！

※50音順に掲載しています

エクセル
オーラティック ブラッシュ
全5色
¥1,980

ニュアンスグラデーションをお好みで混ぜたり、重ねたりすることで、ふわりとオーラをまとったような頬に。

濃淡2色の血色カラーとハイライトカラーが混ざったチーク

ツヤ　ナチュラル　マット
　　　　　　　　　しっとり

エクセル
シームレストーン ブラッシュ
全4色
¥1,650

ほんのりと彩りを添えるソフトな発色で、境目なく頬になじみ、自然な立体感を演出。密着パウダー処方。

粉っぽさがなく、透明感のある仕上がりが特徴

ツヤ　ナチュラル　マット
　　　　　　　　　しっとり

キャンメイク
クリームチーク
全4色
¥638

うるおいたっぷりで質感サラサラ。頬にのせた瞬間すっと溶け込んで、肌の内側からにじみ出るように発色。

塗った瞬間サラサラに変化するクリームジェルチーク

ツヤ　ナチュラル　マット
密着力◎　　　　　しっとり

セザンヌ
ナチュラル チークN
全4色
¥396

高発色で自然に仕上がるパウダーチーク。豊富な色展開で似合う色・シーンに合わせた色が見つかるはず。

ふわっとほんのり発色するパウダータイプ。カラバリも豊富

ツヤ　ナチュラル　マット
　　　　　　　　　しっとり

hince
トゥルーディメンショングロウチーク

全4色
¥2,750

パウダータイプより澄み、クリームタイプよりクリアなグロウチークカラー。溶けるように伸びて密着。

しっとりしていて保湿感のあるチーク。ほんのりツヤ効果も

- ツヤ
- ナチュラル
- マット
- 密着力
- 高発色
- しっとり

hince
トゥルーディメンションレイヤリングチーク

全3色
¥3,410

多彩に表現するコントゥアリングチーク。パウダーとクリームの2種類が立体感のある輪郭を演出する。

2つの色とテクスチャーを重ね塗りしてより立体感を

- ツヤ
- ナチュラル
- マット
- 密着力◎
- 高発色
- しっとり

WHOMEE
フーミー シングルブラッシュ

全5色（数量限定含む）
¥1,430

メークアップ効果で自然に血色感と立体感を演出するマットな質感のシングルチーク。こだわりのブラシ付き。

自然に血色感と立体感を演出するマットな質感のチーク

- ツヤ
- ナチュラル
- マット
- 密着力
- 高発色
- しっとり

FORENCOS
ベアブラッシャー

全5色
¥1,980

自然な血色感。細かいパウダーでふわサラな仕上がり。ウサギのしっぽをイメージした専用のバフ付き。

やわらかなほわほわ発色が特徴。付属のバフてつけると◎

- ツヤ
- ナチュラル
- マット
- 密着力
- 高発色
- しっとり

peripera
ピュア ブラッシュド サンシャイン チーク

全11色
¥840

うつりゆく太陽の光を詰め込んだチークカラー。なめらかで粉飛びしにくく染めたような発色で淡い頬を演出。

地肌になじむピュアな発色のカラーが多い韓国チーク

- ツヤ
- ナチュラル
- マット
- 密着力
- 高発色
- しっとり

Laka
ラブシルクブラッシュ

全9色
¥1,980

愛の感情からインスピレーションを受けたカラーと、シルキーな肌触りのパウダーで健康的な血色を表現。

韓国で人気のブランド。透き通った豊かな色彩が特徴

- ツヤ
- ナチュラル
- マット
- 密着力
- 高発色
- しっとり

CHEEK HIGHLIGHT SHADING

王道コスメ図鑑
★★★

チーク・ハイライト・シェーディング

ミドル・プチプラ編

&be
ルミナイジングパウダー
全2色
¥2,420

肌のトーンを明るく整え上品なツヤ肌へ。しっとりやわらかなテクスチャーで、肌に溶け込むようにフィット。

> 肌に立体感と奥行きを与えるパウダーハイライト

高発色　ブラシ付き

ヴィセ
グロウ トリック
全1色
¥1,650（編集部調べ）

クリーミィなタッチなのにさらっとパウダリーに変化して密着。内側からにじみでるような自然なツヤ感。

> もっちり柔らかベースのクリーミィなハイライト

肌なじみ◎

キャンメイク
むにゅっとハイライター
全3色
¥638

むにゅっと生レアな質感。繊細パールぎっしり配合のハイライター。あふれ出すようなうるっとツヤが作れる。

> むにゅっとしてるけど塗るとサラサラ。光沢感は強め！

生ツヤ　肌なじみ◎　高発色

セザンヌ
パールグロウハイライト
全4色
¥660

高輝度なパールがぎっしり。くすみやクマを光で飛ばして明るさを出し、顔を立体的に見せる。

> とにかく高輝度で、しっかりツヤ感を作れるハイライト

生ツヤ　肌なじみ◎　高発色　ブラシ付き

セザンヌ
フェイスグロウカラー

全2色
¥660

ハイライト・チーク・アイシャドウなどマルチに使える。サラッとしてヨレにくく、うるみ艶をプラス。

> マルチに使えるぷにぷに質感のフェイスカラー

`生ツヤ` `肌なじみ◎` `高発色` `ブラシ付き`

TIRTIR
マイグロウハイライター

全4色
¥2,420

肌の温度で溶け込んでムラなく密着。フェイスからボディまで使えるマルチハイライター。

> ハイライトからチークとして使えるカラーまで幅広い展開

`生ツヤ` `肌なじみ◎` `高発色` `ブラシ付き`

rom&nd
ロムアンド ヴェールライター

全2色
¥1,430

軽くシルキーな質感で肌に溶け込むようになじみ、上品なツヤを与えるハイライター。自然な立体感をプラス。

> 光沢感とともにほのかに血色感も色づく

`生ツヤ` `肌なじみ◎` `高発色` `ブラシ付き`

hince
トゥルーディメンションラディアンスバーム

全4色
¥3,300

肌本来の輝きのようにナチュラルグロウを与えるハイライティングバーム。肌の内側から満ち溢れるようなナチュラルなツヤが誕生。

> スキンケア直後のような生っぽツヤ肌に仕上がるスティックハイライト

`生ツヤ` `肌なじみ◎` `高発色` `ブラシ付き`

ヴィセ
シェード トリック

全1色
¥1,760（編集部調べ）

きめ細かいシルキーなパウダーが肌にとけこむようになじみ、自然な陰影を演出する多色シェーディングパウダー。

> 発色具合がいい意味で濃くない。初心者さんでも使いやすい

`単色` `複数色` `ナチュラル` `高発色` `ブラシ付き`

キャンメイク
シェーディングパウダー

全4色
¥748

サッとひと刷けで、憧れの立体小顔美人になれるシェーディングパウダー。平ブラシ付きで、持ち運びにも便利！

> フェイスラインにキレイな立体感が出て、小顔に仕上がる

`単色` `複数色` `ナチュラル` `高発色` `ブラシ付き`

使ってよかった
スキンケア＆
ボディケア

メイクを楽しむには土台となる肌状態の管理も大切♡
スキンケアやボディケアにもこだわっている
ありちゃんの愛用アイテムたちを、
毎日の美容ルーティンやおすすめの使い方、
やってよかった美容メンテナンスなどと一緒にご紹介。

SKINCARE ROUTINE
ありちゃんの 美容ルーティン

MORNING
**保湿力はあるけど
ベタベタしない
テクスチャー選び**

朝のスキンケアは、その後のメイクに影響がでにくいようなテクスチャーを選ぶようにしてるよ！保湿力はあるけどベタベタしすぎないものがおすすめ。

**ザ・タイムR アクア
【医薬部外品】**
100mL ¥2,640、200mL ¥4,400／IPSA

うるおい成分を抱え、肌のキメを整え、みずみずしさを持続させる薬用化粧水。水分不足の肌はもちろん、過剰皮脂が気になる肌にも◎

VC セラム 10
30mL ¥2,750
100mL ¥5,500／&be

人気ヘアメイクの河北裕介さんプロデュース。保湿型ビタミンC誘導体を10％以上高配合し、寝ている間に肌悩みをマルチケア。

MORNING
ビタミンC配合の美容液を使う

日中、どうしても避けられない紫外線によるダメージを軽減するための予防や対策におすすめなのがビタミンC。他にも肌を引き締めたり、皮脂の分泌を抑えてくれるといった作用も。

2:00~8:30	睡眠 (6.5h)
8:30~9:00	朝のスキンケア (0.5h)
9:00~9:30	朝ごはん（リポC摂取）(0.5h)
9:30~10:00	家事 (0.5h)
10:00~11:00	メール確認、動画チェック (1.0h)
11:00~12:00	YouTube撮影準備 (1.0h)
12:00~16:00	撮影 (4.0h)

MORNING
**日焼け止め効果のある
乳液を使う**

紫外線は、お肌の敵！ 毎日、日焼け止めは欠かせない。乳液に日焼け止めの効果があるものを選ぶようにして、徹底的に紫外線対策をするようにしてるよ！

**ホワイトショット
SXS**
20g ¥13,200／POLA

ポーラが承認を得た美白有効成分「ルシノール®」が入った集中美白美容液。美白のみならず、肌荒れを防いだりうるおいを与えたりする成分も配合。

**ホワイトショット
スキンプロテクター DX**
45g ¥6,600／POLA

ホワイトショットから初の「美白ケア × UVカット」を両立した日中用クリーム。みずみずしくのび広がるクリームが紫外線・近赤外線から肌を守る。

**Lypo-C
Vitamin C**
11包入 ¥2,999／
Lypo-C

美容にも健康にも欠かせない、消費されやすく吸収されにくいビタミンCを、効率的に届けるサプリメント。

MORNING
リポCを飲む

ビタミンを体内にも取り入れるように意識してる！ やっぱりリポCは吸収率にこだわっていて、美容のコンディションを保つためには欠かせないアイテムです。

ありちゃんの1日に密着。
朝と夜の美容ルーティーンをおすすめアイテムと一緒に紹介していくよ!

とっても
お気に入りの
アイテム!

🌙 NIGHT
とにかくたっぷり保湿

その日、外で受けた紫外線や空気の乾燥によって、お肌もカラカラ。とにかく保湿をしっかりしてうるおいを補給してあげるのが大切!

**オルビスユー
エッセンスローション**

【医薬部外品】180mL ¥2,970 / オルビス

肌の"うるおい機能"に着目した化粧水。年齢と共に感じる乾燥やハリ不足などのお悩みに、本来備わっているうるおい機能を高めてくれる。

**リポソーム
アドバンスト
リペアセラム**

50mL ¥12,100
コスメデコルテ

"第二の肌"発想で限りなく肌に近い構造、成分の多重層バイオリポソーム。うるおいのヴェールで乾燥などさまざまな刺激から守ってくれる。

16:00~17:00 昼食&夕食 (1.0h)	18:00		21:00~22:00 お風呂 (1.0h)	22:30~24:00 休憩 (1.5h)
	17:00~19:00 動画編集 (2.0h)	19:00~21:00 移動&ピラティス (2.0h)	22:00~22:30 夜のスキンケア (0.5h)	24:00~2:00 YouTube撮影準備 (2.0h)

🌙 NIGHT
アイクリームを
絶対に使う

皮膚が薄く、ダメージを受けやすい目元まわりは、よりケアを手厚くする必要あり! 日々のケアの積み重ねで10年後が変わると思ってアイクリームは欠かさない。

**リポソーム アドバンスト
リペアアイセラム**

20mL ¥8,250 / コスメデコルテ

日々酷使される目元を見つめ抜いたアイセラム。乾燥小ジワやハリのなさなどのエイジングサインが出やすい目元にうるおいを張り巡らす。

**スキンパワー
アドバンスト クリーム**

50g ¥17,050、80g ¥24,200 / SK-II

日々のストレスによる老化の根本原因に着目したSK-II渾身のクリーム。毛穴やキメの凹凸のすみずみまでしっかり密着してなじむ。香りも豊かで心地いい。

🌙 NIGHT
リラックスできる香りや
テクスチャーを選ぶ

次の日に疲れを持ち越さないことは、美容でもとっても大事。疲れはお肌にも出ちゃうよね。リラックスできる香りやテクスチャーのアイテムを選んで、スキンケアも癒やしの時間に変えちゃおう!

SPECIAL CARE

ありちゃんの スペシャルケア

特別な日は、より念入りにケアをしたいもの。
フェイスはパック、ヘアはトリートメントで、
準備を怠らないで♡

ディープダメージ
トリートメントEX

207mL ¥2,990（編集部調べ）／
UNOVE

36種類のたんぱく質と栄養成分が入ったヘアトリートメント。髪の核心的な構成成分であるケラチン-PF成分が30,000 ppmも！香水のような香りも◎

HOW TO

指先にさくらんぼ粒くらいの量をとり、あご・両頬・鼻・ひたいの5ヵ所におく。よごれとよくなじませながら顔全体にのばし、そのあとティッシュペーパーで、やさしく丁寧に拭き取る。洗い流すことも可能。ここぞという日の前日に。

HOW TO

シャンプー後、水気を取り、髪をマッサージするように塗りこみ洗い流す。1〜3分放置してヘアパックとして使ってもOK。

AQ ミリオリティ
リペア クレンジングクリーム n

150g ¥11,000／コスメデコルテ

エモリエント成分を豊富に配合し、お肌の印象を変えてしまうほどなめらかで明るい素肌にととのえるクレンジングクリーム。メイクアップ料や酸化皮脂までしっかり落とし、しっとりとしたハリのある肌へ。

uka scalp brush
kenzan soft

¥2,420／uka

頭皮のコリほぐしに。ちょうどいい硬さなので、痛気持ちよくて癖になる！お風呂に入りながら使えるのもGOOD。

HOW TO

お風呂の中で、髪と頭皮をしっかり予洗いした後、クレンジングまたはシャンプーを塗布ししっかり泡立て、ケンザンでマッサージ。お風呂上がりにブラシで片側ずつ頭のツボを刺激するのも◎

フォトプラス

¥40,700／ヤーマン

年齢や季節によって日々変化する肌悩みに対応できる、多機能美顔器。美容クリニックでも多く採用されているRF(ラジオ波)をベースに、イオン導入やEMSなど人気の機能を1台に。

HOW TO

使い方はさまざま。これを使うと普段よりスキンケアの浸透がUPする感じがするから、お気に入り！EMSやクーリング、イオン導入などの機能もあり。

HOW TO

洗顔後の濡れた肌に、適量を汚れの気になる部分に塗布。マッサージするようにじっくりなじませた後、水かぬるま湯でていねいに洗い流そう。

ポア
クレンジング セラム

50mL ¥4,400／SUQQU

指どまりのよいテクスチャーが、小鼻まわりや頬などの細かな部分にも、ぴたっと密着。角栓や余分な皮脂をとろりと落とし、テカリをおさえ、汚れを落として肌くすみまでクリアに。

ヒップルン薬用 ホワイトクリーム ＜医薬部外品＞

120g ¥2,178 ／ PJ BEAUTY

初めてつけた時、感動した！1回つけるだけでお尻がびっくりするほどもちもちになる。お尻のざらつきが気になる方におすすめ！

HOW TO
ヒップをマッサージしながら肌になじませる。使用目安量は500円玉大。

ボムバストクリーム リッチ

150g ¥3,278 ／ PJ BEAUTY

PEACH JOHNを象徴するバスト用クリーム。お風呂上がりにマッサージしながらつけると、保湿と同時にふわっと柔らかくなる感覚がある。

HOW TO
バストをマッサージしながら肌になじませる。使用目安量は500円玉大。

アロマティック ボディオイル

全3種 100mL ¥10,780 ／ローラ メルシエ

濡れた状態でも使えるボディオイル。保湿はもちろん香りも最高。アンバーバニラ、ネロリ、アーモンドココナッツの香りがある。

HOW TO
手のひらに適量をとり、両手に広げ、清潔な肌にマッサージするようになじませる。

レッド ローズ バス オイル

250mL ¥11,770 ／ジョー マローン ロンドン

入れるだけでお風呂があっという間にいい香りに。湯船で全身を温めながら、気持ちまでほぐれていくから大好き。大事なイベント前などにはこれを使ってリラックス！

HOW TO
バスタブに注いでいるお湯に適量を流し込みます。お肌をほのかに香りづけ。上がったら十分に洗い流す。

タカミ スキンピールボディ

200g ¥6,380 ／タカミ

オールインワンゲルで、全身すみずみまでケアすることができる！ ゆるくてなめらかなテクスチャで、つけて馴染ませるだけでざらつきがマイルドに。

HOW TO
ワキの下や、Vライン、ヒップ、後ろももの付け根、あるいは、うなじ、ひじ、ひざ、かかとまで、今まであまりお手入れが行き届かなかった部分にもくまなく塗る。

DEKIAI BODYCARE & SKINCARE

使ってよかった溺愛スキンケア

RECOMMEND　化粧水

01

厳選された植物を発酵させて生まれた、アルビオン独自の美容成分を配合。濃厚で上質な手ざわり。キメを整えしなやかでハリのある肌へ導いてくれる化粧液。　フローラドリップ 160mL ¥14,300 ／アルビオン

03

肌うるおいバリア保護成分である高精製ワセリンと2つの抗肌あれ有効成分配合。肌トラブルを予防してくれる薬用化粧水。イハダ 薬用ローション（とてもしっとり）＜医薬部外品＞180mL ¥1,650 ／ IHADA

05

SK-II独自のガラクトミセス培養液＝整肌保湿成分が配合。肌にハリ・ツヤを与え、輝くようなクリアな素肌へ導く。　フェイシャル トリートメント エッセンス 75mL ¥11,990、160mL ¥22,000、230mL ¥28,050 ／ SK-II

02

50種類の発酵成分がキメを細かく整え、ツルスベ肌へ導くエッセンシャル化粧水。まるで美容液を塗ったかのようなうるおいが長時間続く。ベタつかずスッと肌の角質層まで浸透。3番 うるツヤ発酵トナー 200mL ¥2,090 ／ナンバーズイン

04

角層のダメージ保護と角層毛穴への浸透を両立した処方。重ねるごとにうるおい長持ち。角層の毛穴にも浸透しやすい設計を目指し、ふっくらとしたハリ・弾力感を。B.Aローション イマース 120mL ¥13,200、リフィル 120mL ¥12,100　ポーラ

06 07 08 09 10

スキンケアの大事なファーストステップ。
テクスチャーはもちろん、美容成分にこだわっている美容液級の化粧水がたくさん♡

06
肌トラブル（肌荒れ、赤み）対策しながら潤い満ちたツヤ肌へ導く化粧水。植物の力で肌本来の美しさを守ってくれる。モイスチュア＆バランシング ローション 100mL ¥4,180 ／ N organic

08
みずみずしいジェリー状のテクスチャー。肌の上でまろやかな質感に変わり、軽やかに角層まで浸透。ジェリーコンディショナー 120mL 本品 ¥5,500、レフィル ¥4,950 ／ cresc.〈クレスク〉by ASTALIFT

10
高浸透ビタミンC（APPS）に加え、新たに高浸透持続型ビタミンC（VCエチル）を配合したビタミンC化粧水。毛穴、くすみ、ハリ、キメ、乾燥にアプローチ。VC100エッセンスローションEX 150mL ¥5,170 ほか ドクターシーラボ

07
肌の角層内のムダをリリースして、うるおい輝く肌へ導く化粧水。天然のティーツリーの香りでリラックスしたお手入れ時間を過ごすことができる。ブライテスト リリーシングローション 200mL ¥6,930 ／ FATUITE

09
美白＋抗炎症、Wの有効成分（ホワイトトラネキサム™、グリチルリチン酸2K）とうるおい成分であるヒアルロン酸配合。肌ラボ® 白潤プレミアム® 170mL ¥990、170mL（つめかえ） ¥880 ／ ロート製薬

使ってよかった溺愛スキンケア
RECOMMEND 美容液・アイクリーム

01
レチノールとシカ成分配合で、トラブルの始まりから角質、毛穴までケア。低刺激なのでレチノール初心者にもおすすめ。チェジュ島の植物由来のヒアルロン酸配合で保湿力も◎。レチノール シカ リペア セラム 30mL ¥3,960 / INNISFREE

02
角質美容(R)の原点。角質のリズムに寄り添う美肌の本質ケア。東京・表参道の美容皮膚の現場から導きだした、健やかな角質を保ち、正の循環を生み出すための唯一無二※の処方。タカミスキンピール 30mL ¥5,500 / タカミ

※タカミにおいて

03
うるおって明るく輝きにあふれる肌へ導く美容液。メラニンの生成を抑え、シミ・ソバカスを防ぐ美白の有効成分配合。ジェノプティクスウルトオーラエッセンス 30mL ¥21,450、50mL ¥31,350 / SK-II

04
1本で美白※×角質のWケア。光を均一に反射し、肌の内側から発光しているような透けツヤ肌へ。キールズ DS クリアリーブライト エッセンス【医療部外品】30mL ¥9,460、50mL ¥12,320、100mL ¥21,780 / キールズ

※メラニンの生成を抑え、シミ・そばかすを防ぐこと。

05
大人気の化粧水VC100から誕生した美容液。時間が経ってもくすみにくく、日々の変化にゆらぎにくい肌づくりへ。よりなめらかで均一な肌を目指す。VC100ダブルリペアセラム 30mL ¥7,700 / ドクターシーラボ

自分のお悩みに合わせて選べる美容液。
成分の掛け合わせで複数のお悩み対策も叶う！ 効能が認められている有効成分は特に要チェック。

06
肌のキメを整えクリアな肌へ導く美容液。安定化したビタミンC誘導体（アスコルビルグルコシド／整肌成分）と保湿成分を配合。肌を引き締めて、乾燥などの外的ストレスから肌をガード。ルミエール ヴァイタルC 30mL ¥8,800 ／ファミュ

07
濃密な感触のクリームが肌と一体化するように溶け込み、ストレッチするように密着。目覚めるようなハリと透明感のある目元を目指すアイゾーンクリーム。B.A アイゾーンクリーム N 26g ¥19,800 ／ポーラ

08
有効成分ナイアシンアミド、保湿成分であるピュアレチノールを配合した薬用しわ改善＆シミ対策（メラニンの生成を抑え、シミ・そばかすを防ぐ）アイクリーム。サナ なめらか本舗 薬用リンクルアイクリーム ホワイト 20g ¥1,100 ／なめらか本舗

09
透明感にこだわった美白有効成分「活性型ビタミンC」と血行促進成分「ビタミンE誘導体」をWで配合した薬用美白美容液。メラノCC 薬用 しみ 集中対策 美容液【医薬部外品】20mL ¥1,210（編集部調べ） ロート製薬

10
日本で初めてシワを改善する医薬部外品有効成分として認められた、ポーラ独自の成分「ニールワン®」配合。有効成分が肌の奥深くの真皮へ浸透しシワを改善。リンクルショット メディカル セラム N 20g ¥14,850 ／ポーラ

DEKIAI BODYCARE & SKINCARE

使ってよかった溺愛スキンケア
RECOMMEND　乳液・クリーム

01
1950年から愛され続けている多機能クリーム。保湿クリームをはじめ下地クリーム、クレンジングクリームやマッサージクリームなどに。アンブリオリス モイスチャークリーム 75mL ¥3,245 ／アンブリオリス

03
溶けこむように角層のすみずみまで浸透し、キメのひとつひとつまでふっくら弾むようなハリ肌へ導く乳液。うるおいが密に詰まった吸い付くような肌に。アンフィネスダーマ パンプ ミルク S 200g ¥7,700 ／アルビオン

05
コクのある濃密な感触のテクスチャーでなめらかにのびひろがる濃密な乳液。なじませた瞬間、肌表面を緻密に整え、高精細なキメのある美しい肌へ。フラルネ フルリファイン ミルク EM 200g ¥5,500 ／アルビオン

02
スキンケアの最後に塗ることで夜は肌荒れを防ぎ、水分の蒸発を防ぐナイトヴェールとして、朝は外的刺激から肌を守る保護下地として使える新型マルチバーム。スキンバリアバーム 18g ¥5,940 ／津田コスメ

04
乳液のようなかろやかなテクスチャーでうるおい、ふっくら肌に。保湿成分であるスクワランなどを配合。さらっとしているので、メイク前でも気兼ねなく使える。キールズ クリーム UFC 28ml ¥2,970、50ml ¥4,950、125ml ¥9,460 ／キールズ

スキンケアの最後に、それまでのうるおいや効果を閉じ込めるため必要なのが乳液・クリーム。
テクスチャーの良さにこだわりあり！

06
インナードライ肌におすすめ。ナノサイズの粒子が素早く角層まで浸透する乳液。ヒト型セラミド及びアミノ酸を、浸透しやすいナノ乳化した。ナノエマルジョン 60mL ¥3,060 ／トゥヴェール

08
それぞれの肌に合わせて、肌本来の美しさを引き出す化粧液。美しい肌と酵素の関係に着目。一人ひとりの美しさに命を吹き込み、活力に満ちたようなぷるんと弾力のある肌へ。ME 1〜8【医薬部外品】175mL ¥7,150 ／イプサ

10
なめらか本舗オリジナルのイソフラボン含有の豆乳発酵液に加え、ピュアレチノールを新配合した高保湿乳液。リッチなテクスチャーが柔らかな肌に導いてくれる。サナ なめらか本舗 リンクル乳液 N 150mL ¥1,100 ／なめらか本舗

07
リッチな感触なのに、瞬時に肌に溶け込むようになじみ、ベタつかない。睡眠不足でも、3時間多く眠ったような肌へ。翌朝の肌に、押し返すようなハリと輝くツヤが。リポソーム アドバンスト リペアクリーム 50g ¥11,000 ／コスメデコルテ

09
とろ〜りミルクが肌にすっとなじんで、保湿感にやみつき。乾燥でごわついた角質層にも浸透し、なめらかな柔肌に。ミノン アミノモイスト モイストチャージ ミルク 販売名：ミノンアミノモイストMMa 100g ¥2,200（編集部調べ）／ミノン

使ってよかった溺愛スキンケア
RECOMMEND　パック

01
毛穴の目立 たないうるおいたっぷりの"水光肌"に肌全体を素早くケア。新開発のHIFU感覚シートでリフトアップしながら、角質層までうるおいで満たしてくれる。ルルルン ハイドラ V マスク 7枚入 ¥770、28枚入 ¥2,420　ルルルン

03
肌の角質層までの浸透性に優れたAPPSなど4種類の濃厚ビタミンC配合。美容液をたっぷり含んだコットン生まれの長繊維不織布のシートがピタッと密着。ダーマレーザー スーパー VC100 マスク 7枚入 ¥770　クオリティファースト

05
手軽にメイクのりをアップできる部分用のシートパック。スクエア形状でハンドや首などにも使え、4種のうるおい成分配合。ウォンジョンヨ モイストアップレディスキンパック 50枚入 ¥1,815、12枚入 ¥550　ウォンジョンヨ

02
乾燥して疲れた肌に素早く潤いチャージしてくれるマスク。0.2mmの極薄シートで高密着。1日10分でめんどくさがり屋さんでも手軽に肌メンテできる。CICA デイリースージングマスク 30枚入 ¥2,420　VT COSMETICS

04
大人気セラムの長所が詰まった高保湿密着パック。ヒアルロン酸がより肌にいき渡るよう分子サイズの異なる5種類のヒアルロン酸を配合。ダイブイン マスクパック 10枚入 ¥2,750　Torriden

毎日のケアとしてはもちろん、ここぞという時に味方になってくれる、フェイスパック。
たくさん試してきた中からのおすすめはこれ！

06
くすみ・カサカサ毛穴に悩む人におすすめな、美容液1本分の密着・浸透セラムマスク。みずみずしく柔らかなシートが顔の凹凸に寄り添うようにぴたっと密着。ビタギビング アクアセラムマスク v1 1枚 ¥390 ／バイユア

08
ベタつかずに水分を補給し、素早く角質層まで浸透。パンテノールなどの成分がストレスを受けた肌を労わってくれる。ストレッチに優れたシートで密着ケア。スキン プロテクション マスク 27mL 10枚 ¥3,190（編集部調べ）／ REJURAN

10
大容量でコスパ抜群。うるおいを閉じ込め、簡単に美肌を叶えてくれる。保湿成分であるレチノール配合で毛穴とくすみに集中アプローチ。レチノール ピュアブライトユースシートマスク 21枚入 ¥1,870 ／ネイチャーリパブリック

07
乾燥しやすく、肌の内側まで水分が必要な肌に水分チャージケア。綿の産毛で作った綿毛シートを採用し、ソフトな肌触りと高い密着力で肌にうるおいを与えてくれる。THE N.M.F APマスク JEX 27 mL 3枚入 ¥1,069 ／ MEDIHEAL

09
まぶしい透明感となめらかなキメをもたらすルミエールラインのフェイスマスク。つるんとなめらかで、あふれるうるおいによるクリアな肌印象へ。ルミエール ヴァイタルマスク 25mL 5袋入 ¥5,060 ／ FEMMUE

\ ありちゃんがやってよかった /
おすすめ 美容メンテナンス

可愛くなることへの探究心が人一倍強いありちゃん。
色々な自分磨きにチャレンジしてきたけど、中でもやってよかったと思える美容術を紹介するよ！

☐ 月1

（美容院）
📍 LONESS表参道

担当の樋山さんがつくるヘアカラーは、とにかく失敗したことがない！ざっくりしたイメージだけ伝えても、毎回ドンピシャのカラーを提供してくれる。出会ってからずっとプライベートでリピートしてる美容院！

☐ 月1（卒業済み）

（ホワイトニング）
📍 デンタルクリニック ビジュー

高濃度の薬剤を使用する主流のホワイトニングではなく、薬剤を使わない独自のホワイトニングをしてくれるサロン。白くなるのに、痛くもなければ食事制限も控えめで有難い！プライベートサロンなので、居心地がいいのも嬉しい。

☐ 月1

（アイブロウメンテナンス）
📍 Une fleur 表参道店

色んな芸能人やモデルさんが通っているアイブロウサロン！今っぽい垢抜け眉が簡単に作れちゃう。

☐ 月1（卒業済み）

（脱毛）
📍 HAABクリニック南青山本院

痛みが少ない医療脱毛。脱毛以外にも肌メンテナンスなどのメニューも豊富なので、1回で脱毛とお肌両方ケアできちゃうのもいい！

☐ 毎年夏前に1回

（脇ボトックス）
📍 ウィクリニック銀座院

夏になると必ず脇ボトックスをここで打つ！お値段もお財布に優しいのが嬉しい。痛みは結構強めだけど、1回我慢すれば2ヶ月くらい汗じみの心配が減って、着られる洋服が増える。

☐ 気になった時に（卒業済み）

（シェービング）
📍 シェービングサロンfini

背中を綺麗にみせたい時があって、その時に行ってみたらお肌がもちもちになって感動した！

162　CHAPTER 5　使ってよかったスキンケア＆ボディケア

☐ 2〜3ヶ月に1回くらい

（サーマジェン）

📍 リアンクリニック

肌を引き締めてくれる施術。ハイフは過去にやって痛みがあったけど、サーマジェンは痛みがかなり控えめだったので続けやすい！口元のたるみ予防にもおすすめ。

☐ 2、3年前

（アートメイク）

📍 **THE ARTMAKE TOKYO 銀座院**

髪の毛の生え際に入れてる。麻酔だけはかなり痛いけど、そこさえ乗り切れば無痛！おでこが短くなって顔のバランスがよくなった。

☐ 月1

（マッサージピール）（フォトフェイシャル）
（ケアシス）（ハイドラフェイシャル）

📍 **ミニマムスキンケアクリニック 銀座**

（マッサージピール）

月1の肌メンテナンス。かなりシンプルな空間だけど、その分施術のお値段が控えめなので、通いやすい！マッサージピールを毎月やると、肌のざらつきがリセットされて化粧ノリがよくなるのでおすすめ。

（フォトフェイシャル）

色んな肌悩みにきく万能治療。もともと顔に赤みが出やすいタイプだったのに、フォトフェイシャルを始めてからかなり赤みが出なくなったよ！

（ケアシス）

月1の贅沢な保湿ケア。術後は肌がもちもちぷるぷるになる！

（ハイドラフェイシャル）

普段のクレンジングなどでは落とせない毛穴汚れをオフしてくれる施術。毎回メイクで毛穴をしっかり埋めてしまうので、月1でリセットするようにしてる！

☐ 月1

（ネイル）

📍 **KORAT 明治神宮前店**

デザインも可愛くて、途中で剥がれてきたりすることも少ない、お気に入りのネイルサロン。毎月必ずいってるよ♡

☐ 2〜3ヶ月に1回くらい

（ヒアルロン酸注入）

📍 **THE ROPPONGI CLINIC**

細かいメンテナンスを定期的にお願いしてるクリニック。空間、接客、技術全てにおいて高品質♡

COLUMN ありちゃんの

コンシーラー

アイシャドウ

→ **1000個はゆうに超えるコスメの山。ジャンル分けに必死（笑）**

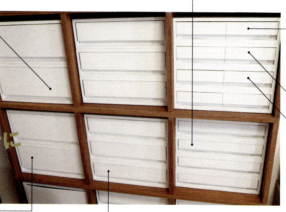

アイブロウ

量が入るかが大事だから、収納力で選んだ無印良品の「ポリプロピレン収納ケース」をチョイス。組み合わせたりして増やせることができるから、今後また増えていくことを見越して。

アイシャドウ

色々なアイテムを試さなきゃいけないので、とにかくコスメの量が増え続ける一方……！ 綺麗に整頓して一つ一つ仕舞い込むのは難しいから、せめてどこにおいてあるかすぐに探せるようにと、ジャンル分けをするようにしてる！

コスメ収納大公開!

気づくとごちゃごちゃになりやすいコスメたち。
たくさんのコスメに囲まれるありちゃんは一体、どうやって収納してるのか、
その全貌を大公開しちゃいます♡

ブラシは複数常備

リップ

ディオール

> 基本的にリビングで撮影してるから、そこに道具を入れるBOXも置いてるんだけど、よく使うコスメだったり、撮影で使用するアイテムはそのBOXに入れることも多いかな。

> 一応、年末に断捨離をするようにしています! コスメには消費期限もあるし、断捨離では1個1個確認して、取捨選択するように心がけてるよ。

撮影道具

照明

ファンデーション

毎月の支出の半分をコスメに充てる女
Who is ありちゃん？

TikTokをきっかけに急速にフォロワーを伸ばした、ありちゃん。
快進撃を遂げた理由とは？「毎月の支出の半分をコスメに充てる女」という
キャッチフレーズで突如現れた新星美容系YouTuberの素顔を紐解いていく！

ありちゃんってどんな人？

突如TikTokにあらわれ、
瞬く間に美容インフルエンサー業界の上位にのぼりつめたありちゃん。
元@cosmeの社員で、コスメが大好きなことは
みんな知っていると思うけど
あまりその正体は知られていない……！
ありちゃんの幼少期の話から、
人気YouTuberになるまでの軌跡をご紹介♡

PROFILE

ありちゃん

元@cosme社員
1995年2月27日生まれ
横須賀生まれ東京育ち
身長158cm
体重45kg
魚座のA型

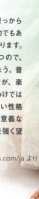

MBTI

ENFP（広報運動家）

──運動家（ENFP）は根っから自由奔放な人たちで、社交的でもあり心が広いという特質もあります。明るく楽観的な姿勢を持つので、大勢の中で目立つ存在でしょう。普段から人気者の運動家ですが、楽しいことだけに興味があるわけではありません。運動家は奥深い性格の持ち主で、周囲の人と有意義な精神的つながりを持つことを強く望むという特徴もあります。

https://www.16personalities.com/ja より

ALL OF ARICHAN

- **1995**
  2月27日に横須賀にて誕生

- **2001**
  進学校の小学校に入学
  テストの結果ごとにクラスが分けられ、
  成績によって全く待遇の違う世界。
  社会の厳しさを知る

- **2006**
  中高一貫の女子校に入学
  中学では放送部に入り部長を務める

- **2010**
  高校生になってアメブロをはじめ、
  人気ブロガーに。
  放課後は渋谷に行き、
  交友関係を増やしていきながら、
  大学推薦のために勉強も頑張る

- **2013**
  大学に入学。
  イベント制作の学生団体に入る
  大学4年生の時にミスコンに出場。
  見事グランプリ獲得

- **2017**
  新卒で@cosmeに入社
  ECサイトのマーケ担当

- **2018**
  インスタグラムで美容の発信を開始

- **2021**
  @cosmeを退社
  独立してbuggy株式会社に所属
  同時にTikTokで
  「毎月の支出の半分をコスメに充てる女」
  として大バズり！！！

- **2022**
  自身初のアドバイザー商品
  「うそつきマスカラ」を発売

- **2023**
  SNS総フォロワー数100万人達成

169

毎月の支出の半分をコスメに充てる女
ありちゃんができるまで

美容インフルエンサー業界に新しい風を吹かせた、ありちゃん。
コスメ愛や発信の源になっているものは、
その都度一生懸命に過ごしてきた人生のなかにヒントがあるよう。

A～Eまでクラス分けされる小学校で、社会の厳しさを早くに知る

―――どんな幼少期でしたか？

私、小学校が少し特殊で。進学校だったんですけど、AからEまで成績順でクラス分けされるようなところでした。しかもAとEじゃ全然待遇が違うというシステムで……。

―――え！？ まだ小学生なのに、そんなところあるんですか？

そうなんです。まず勉強する部屋から違って、Aは広くてキレイな視聴覚室でB～Dは普通の教室、Eは教室すらない図書館の一角。担当につく先生も違うし授業の内容も違いました。

―――リアルですね。厳しい……。

8～9割は外部を受験する環境だったので、放課後はみんな塾か習い事ばかりで、ちょっと辛かったですね。でも同時に反骨精神はすごく身につきました。社会の厳しさを知ったというか。負けず嫌いになりましたし、結果を出したいという気持ちがとても湧きました。裏を返せば、頑張れば頑張るほどいい待遇を受けられましたし（笑）。

中学では放送部の活動に明け暮れる日々

―――中学校は、違うところに進学したんですか？

はい。中高一貫の女子校に進学しました。中学では、放送部に入ったんですが、顧問の先生が有名で全国大会にも出たことがありますし、部長にもなって、毎日部活動に明け暮れるような部活少女でしたね。

―――放送部ってどんな活動するんですか？

放送だけやるわけではなくて、朗読、ラジオ制作、ビデオ制作などいろんなことをします。今考えると、人前で話す練習にもなっていたようにも思います。ラジオやビデオ制作は、NHKの大会にも出たりしてました。企画から考えて、撮影して編集してという感じです。

―――なんだか今のYouTube活動と似てますね。

そうですね。その時にソフトの使い方とか制作の流れは頭に入ったかなと思います。

―――中でも印象に残っている活動はありますか？

「大人は何歳から？」というテーマでラジオ番組を作ったことを今でも覚えています。他にも「嫌いな食べ物をどうやって克服できるか」など疑問を解決していく検証番組だったりも作りましたね。

―――なんだかそのままTV番組にありそうな企画のクオリティですね！

部長だったんですが、いいもの作りたいという気持ち、大会で作品を評価されたいという思いがとても強かったよ

170　CHAPTER 6　Who is ありちゃん？

いや、高校では、新たなことに興味が湧いて。当時アメブロが流行っていたじゃないですか。だから私も始めたら、高校生ランキングで上位になって（笑）。ブロガーみたいな感じでした。
──えええぇ。すでにインフルエンサーですね！
ここで発信をすることが楽しい、好きだという感覚を覚えました。当時渋谷に高校生ブロガーの集まりのようなものがあって。その存在を知って、面白そうだから入りたいと思ってすぐ渋谷に行きました。それがきっかけで交友関係も広がっていったように思います。
──すごい行動力！
思い立ったらすぐ行動に移せるタイプではあるかもしれないです。高校時代、3年間学級委員長だったし、人前に立って話すのも得意でした。

新しい人と出会った 学生団体

──大学で何か思い出に残っていることはありますか？
大学で野球サークルに入ったんですが、いわゆる飲み会みたいなものにハマれなくて。楽しめなかったところに出会ったのが、別の学生団体でした。音楽のイベント制作

をしている団体で、自分の将来のことを考えるきっかけにもなりました。
──将来のことを考えるきっかけって？
その学生団体に自分よりも優秀な人がたっくさんいたんです。今までは自分の大学の環境しか知らなかったけど、この団体をきっかけにさまざまな人と出会うことで多くの世界を見せてもらったように思います。正直、この時、

うに思います。

美容系の仕事を目指すきっかけは 早くに感じたルッキズム

──この頃から前に出る仕事がしたいと思ってたんですか？
前に出る仕事というか、中学生の時から美容系の仕事をしたいとは思っていました。女子校ではあったんですが、ルッキズムを感じる瞬間が度々あって。
──例えば？
いくら勉強や部活を頑張っても、顔が可愛い子の方が結局は得をしてるのかも？みたいな違和感です。
──確かに。どこかのタイミングでそういうのを少なからず感じる時が訪れますよね。
嫌だなと感じたんですが、一方で自分も生きやすくなりたいと思う気持ちもあって。だから、最初はネガティブな気持ちをきっかけに美容に興味を持ち始めたんです。

アメブロ高校生ランキングで 上位でした

──高校でも部活を頑張っていたんですか？

将来に関してあまり具体的に考えていなくて、ボヤッとしてたけど、好きなことを仕事にしようと頑張っている同級生が周りにたくさんいて刺激を受けました。

悩んで出場したミスコンで得たグランプリ

——なるほど。それ以来何か将来に向けて活動を開始したんですか？

直接的に繋がったわけではないんですが、大学4年生の時にミスコンに出ました。周りにナルシストだと思われるかなとか考えて、出るの悩んでいたんですが、せっかくだし目立ちたがり屋だったので出てみようと思って（笑）。

——出てみてどうでしたか？

実際、「ナルシスト」って言ってくる人もいたんですけど、周りからとやかく言われるリスクより自分がやりたいことをやった方が幸福感は大きいと思いました！自分軸で生きることが大切！！

——やった後悔より、やらなかった後悔の方が大きいよと。

そうですね。グランプリを取ったんですけど、実際、大会の結果よりも周りの人たちの存在に感謝するきっかけになったので、そっちの方がすごく価値がありました。あと、発信活動も頑張らなきゃいけなかったので、自然と発信活動を始められたのもよかったなと思います。

新卒で@cosmeに入社し会社員に

——大学を卒業してすぐ、入社したんですか？

はい、新卒で入社しました。美容に関われれば職種にはこだわりはありませんでした。元々コスメは好きでしたが、圧倒的にここで一番コスメに詳しくなりましたね。

——会社員をしつつ発信活動をしていたんですか？

そうです。ゆうこすさんに影響を受けて、SNSの可能性ってすごいなと感じるようになりました。セミナーを聞きにいったりもしました。高校の時にブログもやっていたから、発信自体には慣れていたし、やってみたいなって。人事にも相談して、会社員をしつつ発信活動を始めました。

——ここでも行動力すごい！！（拍手）

ちょうどはじめたのは社会人2年目のタイミングだったんですが、4年目までECマーケ業務をしながら、並行して発信活動もしていました。

「毎月の支出の半分をコスメに充てる女」誕生

——やっぱり会社員と発信活動の2足の草鞋は大変でしたか？

そうですね。でもそれよりも大きな挑戦をしたいと思ったのが独立のきっかけですね。26歳になってなんだか一通り社会人の経験を積んだタイミングでキャリアを考え直したんです。当時SNSは大体7万フォロワーくらいだった

172　CHAPTER 6　Who is ありちゃん？

けど、ここからもっと想像できない方の未来にチャレンジしてみたいと思ったんです。失敗してもまだ今なら再就職もできるかなとも思いましたし。
——それで退社し、独立したんですね！
はい。そうです。ちょうど退社して発信量を増やせるタイミングで、TikTokで「毎月の支出の半分をコスメに充てる女」の投稿がバズったんです。会社員の時は限界があったんですが、ここで一気に発信量も増やして、当時TikTokで伸びてるランキング日本10位とかでした（笑）。

トップインフルエンサーに
なってみて

——そこから脅威の1年半でSNSの総フォロワー100万人まで上り詰めるわけですね。
バズる前から、インスタとYouTubeは3年やっていたし、SNSでの発信には慣れていました。TikTokからYouTubeやインスタへの流入もすごくって、あっという間に伸びていきましたね。
——このスピードでの快進撃、何か生活などは変わりましたか？
発信力がついたからこそ、「ありちゃん」として話すからか、なんだか緊張しいになりました（笑）。気をつけなきゃいけないことも増えたし、アンチが知り合いだったことなどもあったし、ちょっと人間不信になる期間などもあったのですが、責任感を持って発信していきたいなと思っています。
——どんなインフルエンサーになっていきたいですか？
美容のきっかけはルッキズムからだったけれど、大人になるにつれて、人生で大切なことは見た目だけじゃないとわかってきました。生きにくさを埋めるために美容を使っていたけど、正しい意味で楽しめるようになったんです。みんなのありたい姿の背中を押せるような、美容を楽しむお手伝いができたらと思っています。

CHAPTER 6 Who is ありちゃん？

CHAPTER 7

美容系YouTuber 3人が集結♡

「ぶっちゃけトーク」対談

美容系YouTuberとして活躍する
吉田朱里さんと水越みさとさんが
ありちゃん神コスメ図鑑にゲスト登場！
日々美容に関する発信をして過ごす3人に聞く、
美容系YouTuberの仕事とは。
普段聞けない美容系YouTuberたちの裏側に迫る。

水越みさとさん

吉田朱里さん

ありちゃん

ぶっちゃけ……
美容系YouTuberって仲良いんですか？

ありちゃん 仲良いですよ〜！ あまり知られてないと思いますが（笑）。

編集部 仲良くなったきっかけってあるんですか？

吉田朱里さん（以下アカリン） みさとさんとはコラボを依頼させてもらったことがきっかけですね。2年くらい前かな。

水越みさとさん（以下みさとさん） そっか。もうそんな前か。

アカリン そうそう。雑誌の撮影が一緒のタイミングでご挨拶してコラボして、その後ご飯食べに行くってなって。

みさとさん ランチしたよね。

アカリン うん。その後また遊ぼうってなって、ありちゃんも呼んだんだよね！ 焼き鳥屋さん（笑）。

編集部 みさとさんとありちゃんは元々知り合いだったんですか？

ありちゃん YouTubeを始める前から、実はインスタで繋がってたんです。私ね、みさとちゃんからフォローされた記憶ある。

みさとさん そうかも。ずっと見てた。

ありちゃん 私もインスタでみさとちゃんの存在を知って、同じく美容アカだったから私もフォローしたんです。ただSNSをフォローしあってる関係でした。たまたまYouTubeを始めようとしてるタイミングが似てて。で、仲のいいヘアメイクさんとご飯行くタイミングあるから、みさとちゃんも一緒に来ませんかって。

みさとさん そうかも。結構前だね、それも。コロナ禍くらいだったかな。

編集部 じゃあ、それぞれ仲良くなって、3人で集まったのは焼き鳥を食べたのが初めてってことですね。

アカリン そうですね。ありちゃんの動画も一方的にずっと見てたから。

ありちゃん えー嬉しい。

アカリン なんか私コロナ禍にTikTokを狂ったように見てて。ありちゃん見つけて、こういう時代になるんだって驚いた。

みさとさん ほんとあの時のありちゃんの快進撃すごかったよね。

アカリン もう美容系インフルエンサーも飽和状態

すって感じだったのに、こっちね！みたいな。

みさとさん TikTokね、まだいいかなくらいに思ってたけど、遅かった（笑）。

ありちゃん 確かに私、結構タイミングがよかったかもしれない。それこそ美容系で発信してる人がTikTokにあまりいなかったし。

編集部 じゃあお互いSNSで見てたのもあって意気投合した感じなんですね。

アカリン やっぱ見てたから、会った時も初めてじゃない感じしたよね！

編集部 美容好きだけで集まると話題も結構美容のことが多いんですか？

アカリン いや、今後のこととか仕事のことを話してたよね。

ありちゃん YouTuberの悩みってさ、YouTuberにしか分かんないからさ。話す子がここしかいないっていうのもあるかも。美容の話をするとしたら、ここ3人割と好きな色が似てるんですよ。パーソナルカラーとか。

みさとさん そうかも。イエベ春チームだよね。

アカリン あとどっちかっていうと、可愛いと綺麗の間みたいなメイクが好きだったりとか、結構お気に入りのコスメもかぶる。

みさとさん コメントでも「この商品ありちゃんもおすすめしてました」ってめっちゃくる！

アカリン 私みんなのベスコスとか楽しみにしてるもん。だから、かぶった……じゃなくて、よっしゃ。ってなる。

ぶっちゃけ……
YouTuberになって人生変わりましたか？

編集部 YouTuberになる前と今を比べると何か変わったことはありますか？

アカリン コスメの量は圧倒的に増えましたね（笑）。

ありちゃん そうだね、本当増えたよね。あとさ、私とみさとちゃんはさ、YouTubeを始めたタイミングがほぼほぼ同じぐらいなんだけど、アカリンはもう何年目だっけ？

アカリン 多分もう次の2月で8年目かな？

ありちゃん そんな長いんだ！私が始めようと思った時にはもうすでにアカリンってすごいYouTuberだった。YouTubeを始める前は、なんかYouTuberってすごい華や

かでキラキラした世界だと思ってて。でも実際に自分が
こっち側になってみると、楽しいんだけどめちゃくちゃ泥
臭い仕事だなって思う。

アカリン 地味だよね。

みさとさん うん。新作とか出るたびに情報をまずチェッ
クして、で、いざ試して何が違うのかを考えたり調べたり
するよね。でもさ、違いはありつつも似てるものもすごく
あるじゃない？ それを突き詰めていくのはすごい地味か
もしれない。

ありちゃん 比較検証の動画とかさ、あれ1本どのぐらい
かかってるの？ たとえば、ファンデの前編と後編にわか
れてる動画かってさ、何日くらいかかるのか気になる。

みさとさん 1つ1日って考えると、単純計算しても18日
〜20日ぐらいかな。

ありちゃん 20日間かけて1本の動画作ってるのか。す
ごい。

アカリン 人それぞれだよね。私はそこまでかけてないか
な。同世代のYouTuberでいうと、マリリンちゃんとか
さぁやちゃんとか、ちょっと先輩になると、みきぽんちゃ
んとか、りささんとかだけど、まだ美容系のYouTuber
自体が少なかったから、その場で撮って〜みたいな印象。
それこそ2人が出てきて、凝った動画を作る人が増えて、
変わってきたなっていう感覚はありますね。

ありちゃん その感覚、めっちゃわかる。なんかさ、アカ
リン世代とさ、みさとちゃんとか私の世代は少し違う感
じするもん。

アカリン 正直、焦りました。こんな人たち出てきたら、
私何で戦おうみたいな。私は普通に社会にも出たことが
ないし、アイドルやってきてその延長でYouTubeやって
きたから。2人みたいにデータとかないし、どうしよう
……って！

みさとさん ええ。そんなこと思ってたんだ。でも、アカ
リンの「シチュエーションメイク」とか、その角度の企画
どうやって思いつくんだろうみたいなのたくさんあるし、
それこそ8年間やってて、ずっとみんなから見られてるっ
て、めちゃめちゃすごいことだよね。アカリン自体がすご
く好きみたいな人もたくさんいて、それは確かに私たちと
はちょっと違うなって思うかも。

アカリン 私、コスメ買う時は、2人の情報をすごく参考
にしてるもん。

ありちゃん ありがと（笑）。

アカリン 実はあんまりYouTube見ないんです。ほんと
に。 なんか、見れなくなっちゃったんです、正直。美容
系YouTuberを見ると、言い回しとか意識しちゃうし、真
似とか言われても嫌だし。でも2人のコスメレビューがわ
かりやすすぎて。めっちゃ見てます。唯一見てます。

ありちゃん アカリンはさ、やっぱ芸能界にいたっていう
のが圧倒的な差別化ポイントだよね。

みさとさん うんうん。

ありちゃん 現場で得た美容知識とかも、やっぱ私たち
には得られないものだと思うし、そこもすごいアカリンの
強みなような気がする。

\ ぶっちゃけ…… /
YouTuberって
会社員とどう違う？

ありちゃん みさとちゃんも私も会社員だったわけじゃ
ん、元々。私は会社員からYouTuberになって、環境も
変わったし、考え方もすごい変わったなって感覚があるん
だけど、みさとちゃんは変わったこととかある？

みさとさん これはめっちゃ良かったなと思ってることが
1つあって。会社員だった時って、結構人数の多い会社
だったから、部署も分かれてるし、自分がこれをもっとこ
うした方がいいとか思っても、実現しにくかった部分が
色々あって。私はこうしたいと思うけど、そうしたことに
よってこの人がやりにくくなるだろうなとか、そういうのを
考えることが多くて。でも、今って良くも悪くも全責任が
自分にあったりとか、失敗しても、例えば炎上しても自分
のせいだと思うし、なんかいいことがあっても自分のおか
げだし。周りで助けてくれてる人がいるのはもちろんそう
なんだけど、最終決定権、これやりたいとか、やりたく
ないとかを自分で決められるのがすごいよかったなって
思うかな。美容系だからというより、YouTuberっていう
職業で考えるとなのかもしれないんだけど。

ありちゃん なんか、自由と責任って感じだよね、ほんと
に。責任があるから自由もあるみたいな感覚は、めっちゃ
わかる。私は会社員の時は、感情と合理のバランスを意
識することがすごく多かった。私はこう思うけど合理的に
みたらこっちの方にするべきだ、みたいな。YouTubeの
仕事でも合理的に考えることも大切だと思うけど、会社
員の時と比較すると感情の方が大切になる職業だなと

思うかも。コスメ1つ1つに対しても、自分がどう感じたかを表現することが求められているからかな。なんか、コスメに対して、本当にそう思ってるかとかって動画見たら、わかったりしない？

みさとさん ね。見てる人にも、透けて見えたりしてそうだよね。

アカリン 出るよね。

ありちゃん そうだよね。本当に好きなコスメをレビューする時は、やっぱり熱が入る。嘘はついてないけど、タイアップの時とかコメント欄を見ると視聴者さんの反応も少し変わるし。効率化も大切だけど、しすぎるのも違うなって。会社員で大事だったことが、YouTuberでは別に大切じゃないかもって感じる。なんで伝わるんだろうね、熱量って。

みさとさん いつもさ、コスメのいいところを伝えようと思ってやってるのはどの動画でも一緒のはずなのに、なんか透けて見えるよね。

アカリン こっちは別に嘘ついてるわけじゃないけど、視聴者さんの需要とか考えて、これみんな気になるだろうなって思ってやる企画もあるじゃないですか。自分は今その気分じゃなくても（笑）。

みさとさん わかるわかる。

ありちゃん なんか人柄透けるよね、YouTubeって。

アカリン 家で撮ってるからじゃない？ 生活の一部になってるから、オンオフが出にくいんじゃないかな。

ありちゃん **みさとさん** そうかも。

\ ぶっちゃけ…… /
悩みとかってあるの？

ありちゃん YouTuberって週に2、3回ぐらいコンテンツをアウトプットしていくんですが、毎回再生数とか数字が明確に世に公開された状態で出るんですよ。だからどうしても数字で評価されがちな世界だなと思っていて。それがたまに疲れる。みんな逆に数字とか気にしない？

みさとさん いや〜気にする。だってさ、AIが言ってくるじゃん。今、10位ですとか、ね。

編集部 え、そんな機能あるんですか！？

みさとさん そうなんですよ。なんか、直近のなかで10本中、9位ですとか言ってくるんですよ。あんまり見られてませんよみたいな感じで言ってくるから、意識せざるを得な

いよね。

アカリン でも、どうだろう。なんか昔の方が数字気にしてた。気にしなよって感じかもしれないんだけど、やっぱ中身を一番大事にしていこうっていうマインドになったかもしれない。本当に自分が始めた頃に比べて、YouTuberっていう人たちが増えすぎて、どこかちょっと諦めもあるのかも。前の目安としては、あげて1日1晩で10万いけば伸びる動画だなっていう感覚だったんです。20万いったらよっしゃ〜！みたいな。そんなんもう本当に過去の栄光というか。そういう時代じゃなくなったんだとここ数年、コロナ禍を経て実感したので、あんまり数字にとらわれるのはやめて、見た人がどれだけ充実した気持ちで見終えてくれるかを重視するように変わりました。っていうのも、1回すごい炎上したんですよね。ネタでチャンネル登録者が100万人いかなかったら引退しますみたいなこと言っちゃったんですけど……。

編集部 そうなんですね……！

アカリン ネタですよ、ネタ。私、吉本なんで。完全にお笑いチームのスタッフさんと作ったコンテンツが失敗に終わっちゃって。その時、みんなが私に求めてるのは、バズるとか数字とかそういうことじゃなくて、信頼感とか、本当に私自身が楽しんだりとか、メイクや美容が好きでっていう気持ちについてきてくれてるんだなってことに気づいたんですよね。だから数字数字っていう感じではなくなりました、良くも悪くも。

みさとさん そうなんだ。これはもう絶対伸びるだろうみたいな力作の動画とかがそんなにヒットしなかったとしても、あ〜がっかりとかも思わない感じ？

アカリン あ〜そうなんだ〜くらいの感じかも。少し麻痺ってる部分もあるかもしれないです。

ありちゃん 長く続けてるとね。今アカリンが言ってくれたみたいな、中身にこだわった結果、数字ってついてくるもんだと思うし、1番正しい姿は中身重視の考えなのかなとも、今聞いててすごく思った。とはいえ、環境的に気になる状態であるのは確かだよね。気にしすぎてると続かないような気もするけど。

アカリン そうだよね。楽しんでやれるぐらいが1番だなって。美容系YouTuberのいいところって、多分ずっと続けられるところだと思うんですよ。エンタメとかってネタが切れると無理だと思うし、人との会話ありきだったりとか。でも美容系YouTuberって、たった1人で新作のコスメを

試しながら、自分の年齢に応じたその時の悩みを共感して
もらって解決していけばいいし。あとなんか、まあ自分に
全部返ってくるじゃないですか。美容って。

みさとさん ありちゃん うんうん、確かに。

アカリン 可愛くなるために努力することって、全部自分
に返ってくる。これがYouTubeじゃなくなったとしても、
例えば違うプラットフォームができたとしても、知識はど
んどん増えてるから、別のところでも始められそうだし。
美容ってもっと私たちより上の世代の方も興味があるこ
とで、今だったら別に男女問わずみんな興味があること
じゃないですか。だから数字に囚われすぎず、自分自身
を綺麗にしていきながら楽しく発信できたらいいなって
いうのは感じますね。やっぱ周りのベテラン美容系
YouTuberのみなさんもずっと続いていて、息が長いとい
うか。

ありちゃん そうかも!

編集部 確かに美容は、専門的な知識も増えて、メイク
の腕も上がるし、各ケアもするから、コンテンツをやれ
ばやるほど自分に返ってくるような感じがしますね!

アカリン 安定されてるなっていうのをすごい感じる。あ
と、美容系YouTuber界ってギクシャクが全くないんです
よね。

みさとさん いがみあったりとか、ないね、全然。

アカリン 誰と誰が仲悪いとかも聞いたこともないし。
自分の世界で淡々と動画を撮ってる人が多いから、他の
ジャンルとはなんか違うのかなっていうのは思います。

ありちゃん すごいわかる。

みさとさん 私は、バズるものって表現が強くなりがちだ
から、そのバランスの取り方が悩みかな。ショート動画で
よくあるなと思うんだけど、バズらせたいあまりに強い表
現すぎたりとか、思ってないわけじゃないんだけどちょっ
と普段の動画では言わないような言葉を使ったりとか。
数字を求めすぎると自分っぽくなくなっちゃうなって感じ
ることもある。私に求められてるのって、そういう強い言
葉で伝えるっていうよりは、ちゃんと心から伝えることな
のに、なんか違ってきちゃうような……。やっぱり載せる
んだったらある程度見られたいし、再生されてほしいなっ
ていう気持ちもあるから、ショート動画が出てきて、その
バランスがより難しいって思うかも。

ありちゃん ショートってさ、よりエンタメ性が高い方が
伸びるからね。オーバーに表現すると結構伸びるよね。

編集部 バズりとポリシーとの葛藤があるんですね。

\ ぶっちゃけ…… /
野望ってありますか?

編集部 何かこれから先にやりたいこと、夢ってあります
か?

アカリン 具体的に何かが明確にあるわけではなくて。
私的に、一番思うのは、「終わらないマラソン」ってヒカ
キンさんが言ったのが、ほんとそうだなあって。

ありちゃん わかる〜〜〜!

アカリン ゴールってなんなんですかね?(笑)。どこまで
頑張れば認めてもらえるのかみたいな。別にYouTuber
に限らないかもしれないけど。正直、自分が思ってた以
上の人になれてしまってる感覚ってないですか?

みさとさん わかるわかる! そんなんじゃないよ、私、み
たいな。

アカリン なんかすごい他人を見てる感覚というか。ずっ
と目標を立てながらここまで来たんですけど、アイドル
やってた時は、YouTubeはあくまで知名度を上げるため
に始めただけで。女性誌に載りたいとか表紙に出たいと
か自分の中でいっぱい小さい目標を立てて淡々と進んで
きた感じなんです。でも自分が思い描いてた、なりたい
なって思うものにはもうなれちゃった。自分のことそんな
に評価してないから、これぐらいになれたらすごい!って
ところまで来てしまったんですよね。だから「どうしよう
次!」ってなりません?

ありちゃん ある。それこそ、この前インタビューで今後
の展望を教えてくださいって聞かれたんだけど、具体的な
こと言えなくて曖昧になっちゃった。

アカリン 他のYouTuberさんってなんか新世代とか言
われて盛り上がってるけど、美容系って淡々と各個人で頑
張ってるじゃん? 集まったらすごいんじゃないかな? 美
容系YouTuberフェスとかやったら面白いかも。

みさとさん ありちゃん 確かに!

アカリン みんなコスメ持ってるからブースとかやって、
メイクステージもあってもいいだろうし。きっかけさえあ
ればみんな仲いいし、盛り上がりそうなのになんて思っ
たりはします。

みさとさん ありちゃん いいね! やりたい!

編集部 フェスあったら、絶対行きます……!

181

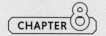

\毎月の支出の半分をコスメに充てる女/
ありちゃんに聞いた 100の質問

ありちゃんのSNSにて
フォロワーのみんなにアンケートを実施。
寄せられた質問100個に答えていくよ!

BEAUTY
001/100
人生で初めて買ったコスメは何ですか?
キャンメイクのクリームチーク!

BEAUTY
002/100
今まで買った中で一番
安いコスメ&高いコスメは何ですか?
**安いコスメは100均!
高いコスメは1個33,000円の
ファンデかな?**

BEAUTY
003/100
メイクの魅力に気づいたのはいつ頃?
ハマり出したのは中3くらいからかな?

BEAUTY
004/100
初めて自分でメイクしたのいつ?
中学1年生

BEAUTY
005/100
"毎月の支出の半分をコスメに充てる女"って
誰が考えたのー?
私です〜!
お風呂の中で家計簿アプリみてて、
「私って支出の半分がコスメなんだなぁ…」と
思ったのがきっかけです

BEAUTY
006/100
なぜ美容系YouTuberになろうと思ったのですか?
**美容情報を受け手ではなくて、
伝える側に回りたいと思ったから!**
あと、いつか自分の名前で仕事がしたいと
ずっと思っていたから
そのきっかけになればいいなと期待も込めて!

BEAUTY
007/100
改めてパーソナルカラーと顔タイプを教えてほしいです!
イエベ春のアクティブキュートです!

FASHION
008/100
おすすめのファッションブランドは?
ウサギオンライン系列のブランドが好き

LOVE
009/100
好きなタイプは?
**心地いいと思う生き方の
価値観が似てる人!**

LOVE
010/100
結婚していますか? 結婚する予定はありますか?
子供は何人欲しいですか?
してないし、予定もないです! 子供は2人欲しい!

LOVE
011/100
失恋の立ち直り方は?
可能性が0%になるまでやり切ること!

LOVE
012/100
異性の好きな仕草はありますか?
**仕草ではないけど、
素敵な言葉選びをする人にキュンとする!**

LOVE
013/100
ありちゃんの結婚相手に求めることは?
**話し合いができること、自分らしくいられること、
互いを尊重できること**

LOVE
014/100
恋人にされたら冷める行動は?
**グラビアアイドルを大量フォローしてたり
大量いいねしてたら冷めそう**

182　CHAPTER 8　ありちゃんに聞いた100の質問

LOVE
015 / 100

初恋は？

中学3年生。
人生初の失恋が辛すぎて別れたあとも
1、2年くらい引きずってた気がする笑

LIFESTYLE
016 / 100

ありちゃんの自己肯定感を上げる方法が知りたいです！

小さい成功体験を
細かく積んでいく

LIFESTYLE
017 / 100

今までで一番辛かったこととそれを乗り越えた話

小学生の時が、
勉強面でも人間関係面でも一番辛かった🤣
ただ時が過ぎるのを
耐えて乗り越えた気がする笑

LIFESTYLE
018 / 100

人と関わる時に大切にしてること

相手目線で物事をできるだけ
考えるようにする！

LIFESTYLE
019 / 100

投稿のモチベーションを維持する秘訣は何ですか？

今はもう完全に習慣化されているので
モチベはそんなに関係しないかも。
もはや投稿しないと気持ち悪いからする、
みたいな感覚笑

LIFESTYLE
020 / 100

身長と体重が知りたいです

158センチ、45キロです

LIFESTYLE
021 / 100

どうしたらありちゃんみたいになれる？

反骨精神を刺激する環境＋
好きなことを自由にやらせてもらえる環境の結果、
ありちゃんができます！（？）

LIFESTYLE
022 / 100

1日で一番幸せな瞬間は？

夜寝る時。
今日も無事おわったー！って安心する！

LIFESTYLE
023 / 100

趣味は何ですか？

最近のマイブームは、マーダーミステリー！

LIFESTYLE
024 / 100

食生活で気をつけていることはありますか？

夜ご飯に炭水化物を食べない、
量も控えめにする

LIFESTYLE
025 / 100

人生のモットーを教えてください！

思っているだけでは何も変わらない！
人生を変えるのは、行動力のみ！

LIFESTYLE
026 / 100

眠れない時はどうしてる？

リラックスする香りを嗅ぐ

LIFESTYLE
027 / 100

記憶にある中で一番古い思い出は？

幼稚園でした水遊び

LIFESTYLE
028 / 100

推しはいますか？

霜降り明星の粗品さん！ ずっと好き！

LIFESTYLE
029 / 100

ありちゃんの小さい頃の夢はなんでしたか？

獣医さん🐶

LIFESTYLE
030 / 100

これまでの人生で一番の挫折は？
また、それをどう乗り越えましたか？

YouTubeで発信活動を続けて
3年間くらいずっと伸びなかったこと。
それでもずっと諦めずに続けました！

LIFESTYLE
031 / 100

MBTIは？

ENFP（広報運動家）！
かなりENFP人間です

LIFESTYLE

032 / 100

イライラしたときや落ち込んだ時の気分転換方法

30分とりあえず耐える。

時間が経つとだいたい
気持ちが落ち着いてるから。
それでも落ち着かなかったら、
親友に愚痴LINE
または悩み相談LINEを送る！

LIFESTYLE

033 / 100

ありちゃんの仕事のモチベは？

単純に仕事が大好きで、楽しい！
あとは、家族や親友が喜んでくれるのが嬉しい！

LIFESTYLE

034 / 100

どんな30代、40代になりたいですか？

色んな観点から物事を捉えられる
優しくて強い大人になりたい！
自分のためより誰かのために
頑張れてるといいなあ

LIFESTYLE

035 / 100

今までの人生の中で1番尊敬できる人は？

1番とかはないかも。
皆それぞれに尊敬できる部分があるし、
情けない人間らしい部分もある！

LIFESTYLE

036 / 100

もし明日世界が終わる！ってなったら何しますか？

親友達に挨拶回りをして、
最後は家族とゆっくりその時を待つ。

LIFESTYLE

037 / 100

欲しいドラえもんの道具は？

圧倒的にどこでもドア！

LIFESTYLE

038 / 100

人間関係がうまくいくにはどうしたらいい？

本当に大切な人との関係値だけを大切にする！
去るものは追わない！

LIFESTYLE

039 / 100

リフレッシュしたいなって時に行く場所はありますか？

代官山の蔦屋書店

LIFESTYLE

040 / 100

@cosmeを退社する時、勇気はいりませんでしたか？

失敗してもまだ全然挽回できると思っていたので、
ワクワクの方が大きかったです！

LIFESTYLE

041 / 100

学生時代はどんな子でしたか？

学級委員長をやる真面目さはありつつも、
基本ハッチャけていたと思う。
女子校超楽しかった！

LIFESTYLE

042 / 100

転職をきめたきっかけを教えてください

一度きりの人生、
人生を棒に振るくらいの大きなチャレンジを
一度くらいはしてみたいと思ったから！

LIFESTYLE

043 / 100

人生で1番大切にしていることはなんですか？

家族と親友との繋がり！私の全て！

LIFESTYLE

044 / 100

価値観が合わなかった場合、
ありちゃんならどのように対応しますか？？

そういう価値観もあるんだな～と受け入れる。
自分の価値観が
否定されている感じがしたら距離をおく！

LIFESTYLE

045 / 100

もしYouTuberになっていなかったら、
今何をしていると思いますか？？

@cosmeで引き続き頑張ってるか、
独立してSNS代行事業か
動画制作事業してそう。

LIFESTYLE

046 / 100

座右の銘を教えてください！

「世界がつまんないのは君のせいだよ。」
2013年のPARCOのキャッチコピー！
出会った瞬間からずっと胸に刻んでいる言葉！

LIFESTYLE

047 / 100

高校生に戻ったら何をする？

もう一度全く同じ青春を1から味わいたい！

LIFESTYLE
048 / 100
人生で一度はやってみたいことは?

オーロラを見に行きたい!

LIFESTYLE
049 / 100
好きな食べ物は!

**さっぱりしたもの、
食感のいいものが基本的に好き!**

LIFESTYLE
050 / 100
頑張った時の自分へのご褒美は、どんな事をしていますか?

お菓子を食べる!体に悪そうなものを食べる!

LIFESTYLE
051 / 100
将来は何をしていると思いますか?

引き続き仕事をしていると思う

LIFESTYLE
052 / 100
ありちゃん以外のあだ名はありますか?

あだ名はありちゃんしかないかも!

LIFESTYLE
053 / 100
占いは信じるタイプですか?

信じないけど興味はめちゃくちゃあるタイプ

LIFESTYLE
054 / 100
元気がない時なにしてる?

寝る。寝たらだいたい忘れる!

LIFESTYLE
055 / 100
@cosmeに入社した理由は何ですか?
コスメ系で探してましたか?

**美容に関する幅広いサービス展開をしている
会社だったから!
ここに入れば転職しなくても、
部署移動だけで美容に関する
幅広い仕事ができる!と思って入社しました。**

LIFESTYLE
056 / 100
悩みができたときの解決方法は?

**言語化して、
俯瞰して悩みについて考えてみる!**

LIFESTYLE
057 / 100
よくどこによく出没する?

1番多いのは渋谷かなあ

LIFESTYLE
058 / 100
YouTube初めて一番嬉しかったことは何ですか?

ファンレターを初めてもらった時

LIFESTYLE
059 / 100
今後の夢は!

**開放感溢れる素敵な家で、
ペットがいる暮らしがしたい!**

LIFESTYLE
060 / 100
精神的に辛くなった時、ありちゃんならどうする?

**親友に弱音を吐きながら、
どうやったら解決できるかを着々と考える!**

LIFESTYLE
061 / 100
ありちゃんが今まで一番ハマった漫画やアニメ教えて

王道だけど、ブルーピリオド!

LIFESTYLE
062 / 100
コスメオタクになったきっかけ!

**より詳しくなったのは
@cosmeに入社したから!**

LIFESTYLE
063 / 100
お気に入りのカラコン教えてください!!

**アンドミーのシフォンと、
チューズミーのピーチブラウン!**

LIFESTYLE
064 / 100
仕事をするうえで一番大事にしていること!

**継続すること。
バッターボックスにとにかく立ち続けること。**

LIFESTYLE
065 / 100
自分の嫌いなところは?

**相手から求められてそうな
キャラクターに無意識のうちに
演技しちゃうところ**

LIFESTYLE
066 / 100

元気の源は?

友達の存在!

LIFESTYLE
067 / 100

好きなおやつは?

ベビースターラーメン丸

LIFESTYLE
068 / 100

自分の好きなところはどこですか?

**なんだかんだ
根はしっかりしてるところ**

LIFESTYLE
069 / 100

学生時代、部活何入ってましたか?

中学は放送部、高校は軽音楽部でした!

LIFESTYLE
070 / 100

同じアラサーとして付き合っていきたい友達の条件

**お互いのダメなところを
共有しあえる人**

LIFESTYLE
071 / 100

自分に自信ないときどうしてますか!

**その領域に関する経験が不足している
からこそくる自信の無さだと自覚して、
克服するにはやり続けるしかないと
腹を括って頑張る**

LIFESTYLE
072 / 100

ありちゃんの嫌いな
食べ物聞いたことがないので知りたいです

**絶対に食べないのは生牡蠣!
食べられるけど好んで食べないのは、
辛いもの、きゅうり、セロリ**

LIFESTYLE
073 / 100

飲み会とかでどれくらいお酒飲みますか!

だいたい1~2杯くらい!

LIFESTYLE
074 / 100

幸せを感じる瞬間はありますか?

家族か親友と過ごしている時

LIFESTYLE
075 / 100

もし差し支えなければ家族の話聞きたい!
ご両親はどんな方?

**お母さんは明るくて優しくて愛情深い。
自分の事より周りの事を
優先して考えるような人。
お父さんは口下手だけど、
色んな事に詳しくて頭がいい!
仕事に対する意識もプロフェッショナル!**

LIFESTYLE
076 / 100

どんなママになりたい?

親友みたいなママになりたいなぁ

LIFESTYLE
077 / 100

学生時代の思い出もしくは黒歴史!笑

不良がカッコいいと思って眉毛全剃りしてました

LIFESTYLE
078 / 100

あり、は上の名前ですか、下の名前ですか。
本名と関係ないですか。

苗字に「あり」がつきます!

LIFESTYLE
079 / 100

無人島に一つだけ持っていくとしたら何を持って行きますか?

帰りの船

LIFESTYLE
080 / 100

好きなYouTuberはいますか?

よく見るのはQuizKnockさん!

LIFESTYLE
081 / 100

かっこいい!可愛い!綺麗!
言われて嬉しい言葉はどれですか?

**かっこいい!
好きな人からだけは可愛いがいいなー**

LIFESTYLE
082 / 100

この仕事をしていて、辛かったことはありますか?
またそれをどうやって乗り越えましたか?

**会社員からYouTuberになった時、
環境の変化についていけず
精神的に辛い時があった。
でも、時間の経過と共に慣れていきました!**

LIFESTYLE

083 / 100

25歳の自分に言葉をかけるなら？

**自分の信じた道を
引き続き突き進んでください！**

LIFESTYLE

084 / 100

高校時代の甘酸っぱい思い出聞きたいです！

**高校時代の恋愛は全部黒歴史なので
記憶から抹消しています！**

LIFESTYLE

085 / 100

何色が好き？

ベージュ

LIFESTYLE

086 / 100

コスメ以外の好きなことは？

**漫画、映画、キャッチコピー、
お笑いも好きです！**

LIFESTYLE

087 / 100

好きな自分のパーツは？？

左目

LIFESTYLE

088 / 100

辛くなった時は逃げても良いと思う？
それともその場で踏ん張り続けるべき？

**ギリギリまでは踏ん張り続けてみて、
もう無理だなって思ったら逃げる！**

LIFESTYLE

089 / 100

ストレス発散方法はなんですか？

親友への愚痴ラインw

LIFESTYLE

090 / 100

元カレと友達になれますか？

なれない派！別れたら、一生さようならタイプ

LIFESTYLE

091 / 100

ペットは飼っていましたか？

**12歳から28歳まで飼ってました！
今はもう天国に行っちゃったけど、
ずっと大切な家族です**

LIFESTYLE

092 / 100

好きなスタバの飲み物は？

ホワイトティーラテか、抹茶クリームフラペチーノ

LIFESTYLE

093 / 100

どんな幼少期でしたか？

**一人で教室の隅で
本を読んでるタイプだった。
ドッジボールとか鬼ごっことか
大嫌いで憂鬱だった‥**

LIFESTYLE

094 / 100

将来のこととか、考えてますか？

**むしろ今よりも将来のことを
積極的に考えるタイプです！**

LIFESTYLE

095 / 100

今まで読んでみてよかった本を教えてください

岡本太郎さんの「自分の中に毒を持て」

LIFESTYLE

096 / 100

ありちゃんの原点はどこにありますか？

**中学の部活と、大学時代のインターン！
ここで今の自分の価値観の根本が作られたと思う！**

LIFESTYLE

097 / 100

褒められて伸びるタイプですか？
それとも厳しくされて伸びるタイプですか？

**信頼している人から
厳しくされたら伸びるタイプ！**

LIFESTYLE

098 / 100

兄弟姉妹はいますか？

年子の姉がいます！

LIFESTYLE

099 / 100

人生の転機は？

@cosmeに入ったこと

LIFESTYLE

100 / 100

好きを仕事にするのって大変ですか？

大変だけど、楽しいです！

SHOP LIST

RMK	RMK Division 0120-988-271
アイプチ	イミュ 0120-371367
アディクション ビューティ	0120-58-6683
アベンヌ	ピエール　ファーブル　ジャポン
	0120-171760
アルビオン	0120-11-4225
anjir	support@anjir.jp
&be	Clue 0120-274-032
INNISFREE	イニスフリー お客様センター
	0800-800-8969
イハダ	資生堂薬品株式会社
	お客さま窓口 03-3573-6673
イプサ	イプサお客さま窓口 0120-523-543
イヴ・サンローラン	0120-526-333
WAKEMAKE	https://www.qoo10.jp/
	shop/wakemake_official
ヴィセ	コーセー 0120-526-311
ウォンジョンヨ	Rainmakers 0120-500-353
ウカ	03-5843-0429
エクセル	常盤薬品工業株式会社 お客さま相談室(サナ)
	0120-081-937
SK-II	0120-02-1325
エスティローダー	0570-00-3770
espoir	0120-521-703
エテュセ	0120-07-4316
ETVOS	エトヴォス カスタマーサポート 0120-0477-80
N organic	シロク 0120-150-508
エレガンス	エレガンス コスメティックス
	お客様相談室 0120－766－995
オペラ	イミュ カスタマーセンター 0120-371367
オルビス	0120-01-0010
カネボウインターナショナル Div.	0120-518-520
CAROME.	I-ne カスタマーセンター 0120-333-476
乾燥さん	BCL お客様相談室 0120-303-820
キールス	0120-493-222
キス	伊勢半 03-3262-3123
キャンメイク	井田ラボラトリーズ 0120-44-1184
キングダム	お客様窓口 0120-005-236
クオリティファースト	クオリティファースト 03-6717-6449
クラランス	クラランス カスタマーケア 050-3198-9361
クリオ	https://cliocosmetic.jp/
クリニーク	クリニークお客様相談室 0570-003-770
クレスク by アスタリフト	富士フイルム お客様窓口 0120-596-221
クレ・ド・ポー ボーテ	クレ・ド・ポー・ボーテお客さま窓口
	0120-86-1982
毛穴撫子	石澤研究所 0120-49-1430
KATE	カネボウ化粧品商品 0120-518-520

ゲラン	お客様窓口 0120-140-677
コーセーコスメニエンス	0120-763-328
コスメデコルテ	コスメデコルテお客様相談室 0120-763-325
CNP Laboratory	銀座ステファニー化粧品株式会社
	お客様窓口 0120-389-720
資生堂	資生堂お客さま窓口　0120-81-4710
パルファム ジバンシイ [LVMHフレグランスフランス]	
	お客様窓口 03-3264-3941
シュウ ウエムラ	0120-694-666
ジョー マローン ロンドン	お客様相談室 0570-003-770
ジョンセンムル	info@d-nee-cosmetic.jp
ジルスチュアート	0120-878-652
シン ピュルテ	SINN PURETE お客様窓口 0120-465-952
スウィーツスウィーツ	シャンティお客様サービス室 0120-56-1114
SUQQU	0120-98-8761
SNIDEL BEAUTY	03-5774-5565
THREE	0120-89-8003
セザンヌ化粧品	0120-55-8515
セフィーヌ	0120-267-030
セルヴォーク	info@mashbeautylab.com
タカミ	お客さま相談室 0120-291-714
ちふれ	ちふれ化粧品 愛用者室
	0120-147420
チャコット	お客さま相談室 0120-155-653
津田コスメ	0120-555-233
ティー・アップ	03-3479-8031
TIRTIR	03-5937-0347
テイジーク	03-3401-1888
デジャヴュ	イミュ カスタマーセンター 0120-371367
to/one	03-5774-5565
トゥヴェール	0120-930-704
ドクターシーラボ	ドクターシーラボ 問い合わせ窓口 0120-371-217
Dr. ルルルン	ルルルンカスタマーサポート 0120-200-390
トムフォード	コンシューマーケアお問合せ先
	0120-032-821 (平日10:00 ～ 18:00)
	0570-003-770 (平日10:00 ～ 17:00)
Torriden (トリテン)	お客様お問い合わせ窓口 https://torriden.jp/
NARS JAPAN	0120-35-6686
ナプラ	0120-189-720
なめらか本舗	常盤薬品工業株式会社 お客さま相談室(サナ)
	0120-081-937
ナンバーズイン	050-5532-4860
ネイチャーリパブリック	03-4571-0035
ハイユア	0120-569-565 (平日11:00 ～ 16:00)
肌ラボ	ロート製薬 お客さま安心サポートデスク
	06-6758-1272
b idol	かならぼ 0120-91-3836
BBIA	info@bbia-jp.com
ピーチジョン	0120-066-107

ピメル	pdc お客さま相談室 0120-127131
ヒロインメイク	伊勢半 03-3262-3123
hince	hince カスタマーセンター https://hince.jp/
ファシオ	お客様相談室 0120-526-311
ファチュイテ	info@fatuite.com
ファミュ	0120-201-790
WHOMEE	Nuzzle 0120-916-852
VT	VT COSMETICS 03-6709-9296
Fujiko	かならぼ 0120-91-3836
プリマヴィスタ	花王 0120-165-691
HERA	0120-929-744
ペリペラ	https://www.peripera.jp
ポーラ	ポーラお客さま相談室 0120-11-7111
ポール & ジョー ボーテ	0120-766-996
ボビイ ブラウン	カスタマーサービス
	bobbibrown.jp/customer-service
マキアージュ	マキアージュお客さま窓口 0120-456-226
M・A・C	メイクアップ アート コスメティックス
	0570-003-770
マジョリカ マジョルカ	資生堂お客さま窓口 0120-81-4710
ミシャジャパン	0120-348-154
ミノン	第一三共ヘルスケア　お客様相談室
	0120-337-336　9：00 ～ 17：00
	（土、日、祝日を除く）
mude.	ブランドさんに聞く
ミラノコレクション	カネボウ化粧品商品　0120-518-520
ミルクタッチ	株式会社 Coogee 03-5413-3330
MilleFée	03-6262-8580
メイクアップフォーエバー	03-3263-9321
メイベリン ニューヨーク	メイベリン ニューヨークお客様相談室
	03-6911-8585
メディヒール	株式会社セキド お客様窓口 03-6300-6578
メラノCC	ロート製薬 お客さま安心サポートデスク
	06-6758-1272
ヤーマン	0120-776-282
Laka	アリエルトレーディング 0120-201-790
ラネージュ	カスタマーセンター 0120-239-857
ラブ・ライナー	msh 0120-131-370
ラ ロッシュ ポゼ	お客様相談室 03-6911-8572
ランコム	ランコム コンシューマー
	コミュニケーション センター
	0120-483-666
リリミュウ	03-3842-0226
リンメル	0120-878-653
ルミアグラス	お客様相談室 0120-55-1322
レブロン	0120-803-117
ローシーローザ	お客様サービス室 0120-25-3001
ローラ メルシエ	ローラ メルシエ ジャパン 0120-343-432
rom&nd	韓国高麗人参社 03-6279-3606

FASHION CREDIT

VANNIE U

アンティローザ

gypsy

SYKIA

マルテ

KATRIN TOKYO

STAFF CREDIT

PHOTO
玉越信裕

SUPERVISION
あやんぬ

MANAGEMENT
buggy 株式会社

EDIT
中丸史華

DESIGN
猪野麻梨奈

ILLUSTRATION
ありちゃん (p34~35)
ちばあやか (p68~75)

MAKEUP
薗部聖奈

STYLING
杉本知香

元アットコスメ社員がぜんぶためしてわかった！
神コスメ図鑑

2024年1月2日　第1刷発行

著者　　ありちゃん
発行人　蓮見清一
発行所　株式会社 宝島社
　　　　〒102-8388
　　　　東京都千代田区一番町25番地
　　　　電話・編集 03-3239-0928
　　　　　　営業 03-3234-4621
　　　　https://tkj.jp
印刷・製本　日経印刷株式会社

本書の無断転載・複製を禁じます。
乱丁・落丁本はお取り替えいたします。

©arichan 2024
Printed in Japan
ISBN 978-4-299-04712-0